A GLOBAL GEOGRAPHY BOOK FOR CHILDREN

写给孩子的 环球地理书

★让孩子脑洞大开的奇趣地理科普书★

和继军 / 编著

STRANGE WEATHER
奇异的气象
（二）

航空工业出版社

内容提要

《写给孩子的环球地理书·奇异的气象》主要介绍与我们日常生活密切相关的常见的和奇异的天气现象、气温变化带来的不同的自然景观、大气中的光学现象、极端天气下的气象灾害预警等知识。

图书在版编目（CIP）数据

奇异的气象 ：全2册 / 和继军编著. —— 北京 ：航空工业出版社，2021.6
（写给孩子的环球地理书）
ISBN 978-7-5165-2537-1

Ⅰ．①奇… Ⅱ．①和… Ⅲ．①气象学－青少年读物
Ⅳ．① P4-49

中国版本图书馆 CIP 数据核字（2021）第 084208 号

奇异的气象：全2册
Qiyi De Qixiang

航空工业出版社出版发行
（北京市朝阳区京顺路5号曙光大厦C座四层　100028）
发行部电话：010-85672688　010-85672689

北京楠萍印刷有限公司印刷　　　　　全国各地新华书店经售
2021年6月第1版　　　　　　　　　2021年6月第1次印刷
开本：787×1092　1/16　　　　　　字数：45千字
印张：6.25　　　　　　　　　　　　定价：218.00元（全6册）

6
Part

水汽变身

你知道雾、霜、露、冰雹等是怎么形成的吗？它们其实是大气中水汽变身的结果。水汽不仅直接影响地面和空气的温度，还影响大气的运动和变化，今天我们就来了解引起天气变化的各种角色吧。

云海茫茫——雾

乳白色的雾气，如真似幻，如诗似画，是那样的深，那样的浓，飘散成一片轻柔的薄纱，吞没了周围的一切。

🔺 乳白色的薄纱

白天温度较高，空气中可容纳较多的水汽，而且气温越高，空气中可容纳的水汽就越多，但是空气中可容纳的水汽会在一定温度条件下达到饱和。如果空气中所含的水汽多于饱和水汽量，多余的水汽就会凝结成小水滴或冰晶。夜间，温度降低，空气中可容纳的水汽减少，空气中的水汽超过饱和状态时，一部分水汽会凝结成水滴，在水汽充足、微风、大气层稳定的情况下，凝结成小水滴悬浮在空气中，使地面的能见度下降，这便是下雾的天气。

🔺 雾形成的条件

雾形成的条件包含三点：冷却、加湿、有凝结核。雾是由空气中的水蒸气逐渐受冷液化而形成的，多出现于晴朗、微风、近地面水汽充足稳定、有逆温存在的夜间和清晨。

🔺 像霾又像云

雾是接近地面的空气中的水蒸气由于接触较冷的地表而凝结成的小水滴，其实雾和云、霾都很相似。

雾和云的形成都是由于温度的下降导致，二者的区别在于是否接触地面，雾可以说是靠近地面的云。所以下雾的时候，我们走在雾里，就好像腾云驾雾一般。

通常我们将"雾和霾"统称雾霾，二者的区别主要在于水分含量的大小：水

知识链接

你知道全球著名的六大雾都吗？它们是英国伦敦和爱丁堡、中国重庆、日本东京、美国旧金山、土耳其安卡拉。中国重庆榜上有名，是因为重庆位于四川盆地边缘，水汽充足，空气湿润，特殊的地形及自然条件，使重庆年平均雾日达104天，所以重庆被称为"雾都"。

分含量达到 90% 以上的叫雾，水分含量低于 80% 的叫霾。国际组织规定，使能见度降低到 1000 米以下的称为雾；水平能见度小于 10 千米且是灰尘颗粒造成的称为霾。二者的颜色不同，雾的颜色是乳白色、青白色，霾的颜色是黄色、橙灰色。

⊿ 雾的危害

雾会对能见度产生极大影响。雾出现时，地面风速一般较小，近地层大气稳定，不利于污染物的扩散、稀释，能见度差，对交通、航空的影响很大。大雾使微波及卫星通信信号锐减，通信质量下降。雾中水汽多，所以氧气浓度相对较小，使空气污染更加严重，这些都会对人的身体健康产生影响。

白色松脆的冰晶——霜

霜是近地面空气中的水蒸气在物体上的凝华现象，是冬天常见的一种自然现象。

每当白露结霜的时节，人们会想起经霜红叶，古人也有"霜叶红于二月花"的吟唱，秋天绿叶变红，有内外两方面的因素。一是树叶中的胡萝卜素和花青素增多，二是结霜时节气温的下降使树叶中的叶绿素被破坏消失，因此绿叶变成了红叶。

霜形成的过程

空气中的相对湿度达到100%时，空气中多余的水汽凝结形成雨滴并不断下降，当遇到温度低于0℃的物体时，便会附着在物体表面形成结晶状态，人们常常把这种现象叫"下霜"。霜在夜间形成，日出之后会随温度升高融化成水或升华为水汽。

影响霜形成的因素

霜的形成和天气有关。比如云对地面物体夜间的辐射冷却有妨碍，不利于霜的形成。此外，风会使空气流动变快，不利于温度降低，风对于霜的形成也有影响。霜的形成也与所附着物体的属性有关。物体的表面积越大越粗糙，就越容易散热，所以这类物体表面就越容易形成霜。霜的出现，说明当地夜晚天气晴朗并寒冷，大气稳定，地面辐射降温强烈，会持续几天好天气。

晶莹的小水珠——露

在温暖季节的清晨，路边的小草和树叶上经常可以看到露珠，在阳光的照射下，露珠亮闪闪的，那么露珠是如何形成的呢？

凝结成"露"

露是空气中水汽以液滴形式附着在地面物体上的液化现象。夜间，地面或地物由于向外辐射热量，使地表周围的空气随之降温，当地面物体附近空气中的水蒸气达到饱和状态时，在地面或地物的表面就会产生水汽的凝结。如果此时的温度在 0℃以上，多余的这些水汽就凝结成水滴附着在地面物体上，称为露。

　　露的形成原因和过程与霜一样，也大多出现于天气晴朗、无风或微风的夜间。露一般形成于表面积大且粗糙、导热性不良的物体表面。不同的是，露形成时的温度在 0℃以上。

⛵ 露水来帮忙

　　水是人类生存必需的自然资源，水在大自然中以不同的形式在进行循环。露是水的一种液态形式，是液化的水。露水对植物的生长很有帮助，因为露水可

知识链接

　　古时候人们认为露水是大自然的宝水，露水也常被形容成琼浆玉液，是吸收大自然精华的一种神水。所以许多民间医生用它来医治百病，炼丹家用它来炼丹，他们都非常注意收集露水。其实，露水只是空气中的水蒸气液化的产物而已。

以洗刷叶面的尘埃，有利于叶片顺畅呼吸，也能为叶片提供适宜的湿度。白天被晒蔫的叶子由于露水的供应，很快便能恢复生机。所以，露水对农作物的生长非常有利。

美丽的银树——雾凇

　　在冬天，因为水蒸气的缘故，北方江边的树上常常出现"忽如一夜春风来，千树万树梨花开"的景象，树上结满了白色的冰晶，这是北方特有的冰雪美景。

开满冰晶的树

　　雾凇俗称树挂，是北方冬季出现的一种自然现象，有时在南方某些高山地区也会出现。北方寒冷的天气里泉水、河流、湖泊或池塘附近的蒸雾都可以形成雾凇。

　　雾凇是一种美丽的自然景观，但有时也会成为一种自然灾害。严重的雾凇甚至可以压断树枝和电线，造成损失。

雾凇的形成

　　雾凇的形成需要具备两个条件：一是足够的低温，二是充足的水汽。雾凇的形成与霜降类似，一般是雾中有温度低于零度的过冷水滴碰撞到同样低于冻结温度的物体时，在这些物体（树枝、电线等）上不断积聚冻黏，形成白色或乳白色的不透明冰层，即雾凇。

轻微的温度和风力变化都会对雾凇产生极大的影响。雾凇形成的理想条件是天晴少云、微风或静风。大风是雾凇形成过程中最大的敌人，它总能把簇拥在一起的雾凇吹得无影无踪。

根据雾凇的结构和形成条件，可将雾凇分为粒状雾凇和晶状雾凇。粒状雾凇的结构较为紧密，是一种粒状的小冰块；晶状雾凇呈冰晶状，结构较松散，稍有震动就会脱落。

雾凇中的极品——吉林雾凇

在我国出现的雾凇中，吉林雾凇最为出名。吉林雾凇持续时间长、厚度大、出现频率高，与桂林山水、云南石林、长江三峡并称为中国四大自然奇观，吉林雾凇也是这四处自然景观中最为特别的一个。

吉林市拥有得天独厚的自然条件——湖泊水源多，江水与空气之间产生了巨大的温差，冬季水温和地面温差常在30℃左右，这个温差会使江水产生雾气。松花江源源不断地释放出大量雾气，遇冷后便以霜的形式凝结在两岸的树木和草丛上，形成大面积的雾凇奇观，厚度达到40～60毫米。

"吉林雾凇"属于毛茸形晶状雾凇，是雾凇中厚度最大、密度最小和结构最疏松的雾凇品种。这种雾凇晶莹剔透，尤为好看，所以吉林雾凇也被称为

知识链接

在有过冷却雾和有利于冰晶增长的物体上，如电线上、树枝上容易形成"雾凇"。如果有雾，可是不具备低温条件，雾滴也会沾附、汇聚在树叶或其他物体上，这时冰晶不明显，不会形成"雾凇"，而会形成"雾凝"，"雾凝"与"雾凇"只是由于温度不同而产生的不同结果，也是森林中常见的一种现象。

"极品雾凇"，成为著名的奇观。此外，吉林雾凇还能起到净化空气、隔离噪声的作用。

吉林雾凇的最佳观赏时节是从每年 12 月下旬到次年 2 月底，观赏雾凇讲究的是："夜看雾、晨看挂、待到近午赏落花。"每年都会有大量的游客前去吉林观赏这如诗如画的仙境。

睡着的水——冰

冰是冬天水结冻之后变成的，冰点点滴滴裹嵌在草木之上、湖泊或者河流，结成各式各样美丽的景象，如进入了琉璃世界，晶莹剔透。

◢ 冰美人的诞生

冰是由水冷凝结成的无色透明的固体，透明洁白，温度较低。一般而言，

知识链接

> 冬天下雪后，房顶会堆积很多雪，当这些雪融化时就会顺着屋檐滴下，一部分雪融化后又由于天气太冷被冻住，然后房檐下会悬挂很多长条的带锥尖形态的冰凌。冰凌分为水成冰、沉积冰、冰川冰三大类。

0℃以下的水才可以结成冰，当温度刚好降到0℃时，不会立即结冰，而是出现冰水混合现象。当温度下降到0℃以下时，水分子运动速度急速降低，较长时间保持低温，以极微速度运动的水分子以一定的方式较稳固地排列在一起，失去流动性，最终导致水变为固体的冰。

冰的万千姿态

虽然冰是由水凝结而成的，但是水并不是完全纯净的，也可能有各种杂质，所以冰会形成各种形状的晶体。有时因为附着的面不同也会形成不同的姿态，所以小到冰花、冰挂，大到冰河、冰川都是冰的不同形态。

似一幅幅浮雕作品——冰花

冰花，又叫未央花，是冬、春季节在窗户上形成的冰晶图案，这是一种自然现象，冰花在玻璃窗的内表面开出了琼枝玉叶，在晨光的照射下呈现出银白色，玲珑可爱。

亮晶晶的冰花

冰花是空气中的水蒸气遇冷凝结而形成的，是一种美丽的结晶体，在我国的不少地区都会出现，冰花的形成和雾气有关系。如果雾滴很小，温度很低，各颗粒间含有空气间隙，就会呈银白色；如果雾滴较大且温度较高，空气间隙被填没，冻结物就形成较透明的冰层，过冷却的雾滴与透明冰层同时存在，雾滴的水分汽化，这些水汽又在玻璃状冰层表面凝华下来，呈毛茸茸的白色结晶状态，就形成冰花。

▲ 魔幻的冰窗花

在严寒的冬季，室内外温差较大，室内温度较高，门窗玻璃内表面冰冷，当屋内空气中的水蒸气遇到冰冷的玻璃时，就会在玻璃上结成冰晶，冰晶呈六角形，逐渐向四周扩大发展，形成冰窗花。室外的水蒸气温度较低，不易在玻璃外表面凝华，所以窗花都形成于室内的玻璃上。

冰窗花的形态与室内的温度、湿度、玻璃的光滑程度有关。根据环境条件的不同，会产生不同的冰花形状。如果室内温度低、湿度大，容易形成树枝形状

的冰窗花；如果室内温度高、湿度小，则容易形成碎片状、扇状的冰窗花；如果玻璃面粗糙或者尘埃多，冰窗花的图案就会厚一些；如果玻璃面光滑，冰窗花的图案就会薄一些。

天然的工艺品——冰川

在七大洲的寒冷地区，分布着大片的冰川，长期的严寒使水不断地结成冰，冰层不断地堆积，形成了自身独特的地理景观，这些白茫茫的冰川装点着世界。

堆积的冰川

冰川也称冰河，是由大量的冰块堆积形成的，在终年冰封的高山或两极地区，多年的积雪经重力或冰河之间的压力，沿斜坡向下滑形成冰川。冰川分为大陆冰川和山岳冰川，受重力作用而移动的冰河称为山岳冰河，受冰河之间的压力作用而移动的则称为大陆冰河或冰帽。例如在南极和北极圈内的格陵兰岛上，冰川如果是发育在一片大陆上的，被称为大陆冰川，发育在高山上则被称为山岳冰川。

哭泣的冰川

冰川的覆盖范围较广，约占地球陆地面积的 1/10。全球 4/5 的淡水资源就储存于冰川之中，是地球上除海洋之外最大的天然淡水资源库。

随着气候逐渐变暖，世界上的冰川也在不断地融化，其中，欧洲山区冰川损失最为严重，阿尔卑斯山脉在过去一个世纪已失去了一半的冰川。冰川融化导致的恶果不仅是全球的淡水资源减少，还会导致海平面上升，这会对全球的气候造成严重影响，而人类赖以生存的自然环境也会随之改变。

壮观的水晶堤——冰架

在寒冷的地区，陆地上会有大面积的冰冻，这些冰冻就形成了冰架，冰架有大有小，匍匐在寒冷的两极地区。

⚓ 无比巨大的冰

冰架又称冰棚，是陆地冰延伸到海洋的一片厚大的冰，是冰川或冰床流到海岸线上形成的。简单来说，冰架就是与大陆冰相连的海上大面积的固定浮冰。冰架在自身重力的作用下，以每年 1～30 米的速度，从内陆高原向中周沿海地区滑动，形成了几千条冰川。冰川在入海处既不破碎，又很少消融，就形成了海上冰架。

以南极冰架的形成为例，在南极大陆周围，越接近大陆的边缘，冰厚变得越薄，并伸向海洋。在海洋中，海冰浮在水面上，形成了宽广的冰架。冰架就是南极冰盖向海洋中的延伸部分。

冰架如今只能在南极洲、加拿大和格陵兰才能找到，两极地区是冰架最为集中的地区，其中南极洲

冰架最多，覆盖面积达 1200 平方千米，平均厚度在 2000 ~ 2500 米之间，最厚的有 4800 米，总体积达 2450 万立方千米。

⚓ 冰架崩解

　　冰架是一个巨大的低温体，一般很少消融，但是冰架会出现崩解，冰架崩解是一种自然现象，是冰架自身重力和运动的结果，但是随着全球变暖的趋势，

冰架开始大面积崩解，断裂的冰架渐渐漂移到海洋中，形成巨大的冰山。

南极东部冰盖是全球最大的冰盖，2019 年 9 月底再度出现半个世纪以来的大型冰山分离现象。科学家透过卫星图像发现，南极东部阿梅里冰架于 9 月底崩解出一块超大的冰山，但科学家强调与气候变化无关。

海上山峰——冰山

冰架断裂会形成一些巨大的冰山，这些冰山漂浮在海面上，或生存，或消融，迎接着属于自己不可预知的未来。

⛵ 海上的冰山

冰山是由于冰川边缘凸向海洋中的部分在风、浪和潮水作用下碎裂形成的，是露出海面高 5 米以上的巨大冰块。冰山漂浮或搁浅，形状多变，有平顶、圆顶、倾斜、尖塔、山峰状及不规则形状。

地球上的冰山一般分布在两极地区，因为那些地方得到的太阳热量少，气候终年严寒，一年四季都堆积着冰雪，冰雪以冰川的形式贮存和运动着，在两极地带的冰川、入海口处常结成巨大的冰块，一旦发生断裂，这些巨大的冰块就进入海洋。由于水的浮力，或是在风浪和潮水作用下碎裂、折断，或是在自身重量的压迫下缓慢地向海边移动，成为一块漂浮在海上的巨冰，这就形成了冰山。

⛵ 运动的冰山

冰山的面积非常大，露出水面部分的体积大约占总体积的 1/7。迄今为止人类发现的世界上最大的冰山长 335 千米，宽 97 千米，面积达 31000 平方千米。

冰山是不断漂移的，冰山的运动与大气环流、表层水流相一致，大多数冰

山的漂移取决于海流，冰山漂移轨迹常常形成闭合式圆环。由于受到水文气象要素的综合影响，冰山运动相当复杂，即使在同一海区，也会出现各不相同的漂移方向和漂移速度。

⚓ 海洋生物的粮食山

冰山在漂移融化过程中，释放出促使藻类大量繁殖的矿物质。这些藻类吸收二氧化碳，产生氧气；磷虾成群活动，以浮游植物为食；海燕和南极臭鸥涌向冰山，从那里捕食磷虾；冰山周围的水母以浮游生物、磷虾和小鱼为食；冰鱼也以磷虾为食，科学家研究发现，冰山对海洋里的鲸鱼有很强的吸引作用，很多鲸鱼也对冰山恋恋不舍，因为冰山周围有它们需要的"美味佳肴"。

万峰水晶中——冻雨

初冬或冬末春初时节，雨落在树木、电线等物体上会迅速结成冰，人们习惯把这种天气现象叫"滴水成冰"，其实在气象学上称为"冻雨"。

⚓ 水晶冰层

当较强的冷空气南下遇到暖湿气流时，冷空气会插在暖空气的下方，近地层气温会降到0℃以下，当雨滴从空中落下来时，遇到气温很低的电线杆、树木、植被及道路表面时会冻结上一层晶莹透亮的薄冰，即"冻雨"。

冻雨是由过冷水滴与温度低于0℃的物体碰撞冻结形成的降水。如果遇毛毛雨，则出现沙粒状的小冰粒，冰粒表面粗糙，粒状结构清晰可辨；如果遇到的是较大雨滴或降雨强度较大时，雨滴不断地打落在这些结了冰的物体表面上，就会形成表面光滑、透明密实的冰挂，常挂在电线、树枝上，一边流一边冻，慢慢地

形成一条条冰柱。

⚓ 不能承受之重

冻雨是在特定的天气条件下产生的降水现象，是一种灾害性的天气现象。"冻雨"落在电线、树枝、地面上结成一层薄冰，冰越结越厚，如果重量超过物体的承载能力，就会产生危害：冻雨在电线上大量冻结会拉倒电线杆，使电讯和输电中断；还会妨碍公路和铁路交通，威胁飞机的飞行安全，交通事故因此增多；还会大面积地破坏树木、冻死田里的作物，严重的冻雨还会把房子压塌。

"花式" 结冰——冰凌和凌汛

冬天，当气温达到一定程度的时候，河会结冰，形成大的冰凌，当春暖花开的时候，凌汛随之而来，给人们的安全带来威胁。

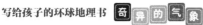

凌汛是黄河特有的一种气象灾难。黄河处于中高纬度地区，有结冰期，而且都是从低纬度流向高纬度，所以秋季与春季，高纬度河段河水冰冻形成冰坝阻挡低纬度河水的到来，导致水位大幅上涨形成凌汛。俄罗斯的叶尼塞河同样是一条会出现凌汛的河流，和黄河出现凌汛的原因一样。

凌洪和凌汛

冬天，当河里的水温在0℃或低于0℃时，河流开始在岸边和水内结冰，河流由于水流的紊乱混合作用，会在水内和河底同时结冰，凝结成的固体称为冰，流动的冰称为凌，所以冰凌就产生了。冰凌是自然界的一种奇观，给人带来意想不到的壮美，但是如果控制不好，就会变成灾害，也就是凌洪和凌汛。

凌洪是指冰凌聚集成冰塞或冰坝，造成水位大幅度抬高，最终漫滩或决堤的现象。冬季上游河道比下游河道封冻晚、开河早，当天气变暖时，来自上游的冰水冲击还结着厚厚冰的下游河面，就会造成冰凌拥塞，水位上涨，形成了凌汛，俗称冰排。凌汛只在较高纬度地区的河流中出现。

冷暖交替

空气的温度变化，对人们的日常生活和生产有明显的影响。比如我国北方温带地区四季的气温变化规律是春暖、夏热、秋凉、冬寒，人们会跟随季节更替，顺势而为。

寒来暑往，四季更替——季节

季节一般都是按照气候来划分的，不同的地区，其季节的划分也是不同的。对温带特别是中国的气候而言，一年分为四季，即春季、夏季、秋季、冬季；而热带草原只有旱季和雨季。在寒带，并非只有冬季，南北两极亦能分出四季。在这里，我们将重点讲一下中国所处的温带的季节划分。

⊿ 万物复苏的春季

在中国，春季始于立春，止于立夏。在欧美，春季从中国的春分开始，到夏至结束。在爱尔兰，2～4月被定为春季，在南半球，一般9～11月被定为春季。

▲ 酷热难耐的夏季

在中国，夏季始于立夏，到立秋结束；西方人则普遍称夏至至秋分为夏季。在南半球，一般 12 月至次年 2 月被定为夏季。气候学意义上的夏季为连续 5 天日平均温度超过 22℃，冬季为连续 5 天日平均温度低于 22℃。

▲ 天高气爽的秋季

秋季是由夏季到冬季的过渡季节。阴历为 7～9 月（立秋到立冬），阳历为 9～11 月，天文为秋分到冬至这一段时间。气象工作者研究的物候学标准是：炎热过后，连续 5 天日平均气温稳定在 22℃ 以下时就算进入了秋季，低于 10℃时秋季结束。

▲ 寒冷寂寞的冬季

秋春之间的季节，天文学上认为是从 12 月至次年 3 月。中国习惯指冬季是立冬到立春的三个月时间，也指农历 10～12 月。在南半球，冬季在 6～8 月；在北半球，冬季在 12 月至次年 2 月。在中国，冬季从立冬开始，到立春结束；西方人则普遍称冬至至春分为冬季。从气候学上讲，日平均气温连续 5 天低于10℃算作冬季。

冬天中的冬天——三九天

"一九二九不出手，三九四九冰上走，五九六九看杨柳，七九河开，八九雁来，九九加一九，耕牛遍地走。"这是中国传统的节气口诀，在人们看来，一年中最冷的时节就是三九。

▲ 数九的方法

按照中国传统的节气口诀，我们可以学会计算"三九"天。我国阴历有计算时令的"数九"说法，就是从冬至日算起，每9天为一"九"，第一个9天叫"一九"，第二个9天叫"二九"，依此类推，一直到"九九"数满81天为止。"三九"就是指冬至后的第三个9天，即冬至后的第十九天到第二十七天。

▲ 最是寒冷三九天

"三九"天是一年中最冷的时候，各地冰天雪地，冷的可以冻死猪狗，冰厚的可以在上面行走。因为这段时间地面接收的太阳热量较少，夜间散热超过白天所吸收的热量，地面储存的热量入不敷出，从而造成地面温度渐渐下降，天气越来越冷，如果有冷空气活动，天气就变得更寒冷。

春寒料峭袭人冷——倒春寒

春天是一年中冷暖比较适宜的季节，但并不意味着"暖风熏得游人醉"的感觉时刻都存在，因为"春寒料峭"足以"寒气袭人"。

⛵ 来自春天的寒流

在春季天气回暖过程中，会遇到冷空气的侵入，使气温明显降低，常常造成初春气温回升较快，而在春季后期会出现气温较正常年份偏低的天气现象，这种"前春暖，后春寒"的天气称为倒春寒。

在气象学中，春季是气温、气流、气压等气象要素变化最无常的季节。3月作为春天的开始，气温回升较快，真正的春天平均气温应该超过 10℃。但是春天气候多变，虽然在逐步回暖，但早晚还是比较寒冷，冷空气的活动也较为频繁，长期阴雨天气或频繁的冷空气侵袭，抑或持续冷高压控制下晴朗夜晚的强辐

射冷却就造成了气温下降。如果冷空气较强，可使气温猛降至10℃以下，甚至出现雨雪天气，因此形成"倒春寒"现象。

⚓ 春寒袭人人更冷

在中国的节气谚语中有"春捂秋冻"之说，就是告诉人们，虽然春天已经到来，但是还应该注意穿衣。春季的气温日夜温差较大，最大特点便是乍暖还寒，春季冷空气活动频繁，天气多变化。这种忽冷忽热的天气不仅会造成大范围地区农作物受冻害的现象，而且对于人的健康也是非常不利的。

夏天中的夏天——三伏天

三伏天是一年中最热的几天，在中国民间谚语中被称为"伏邪"，天气太热

了，宜伏不宜动，说明这几天对人的影响是很大的。

三伏天的由来

三伏天是处在小暑与大暑之间的节气，是一年中气温最高、最潮湿闷热的一段时间。三伏是按农历计算的，大约处在阳历的 7 月中旬至 8 月上旬。进入三伏天之后，都是很热的，其中第三伏的十天是最热的。

从气象学来说，七八月份副热带高压加强，天气晴朗少云，阳光充足，地面辐射增温，气温更高。进入三伏，每天吸收的热量多，散发的热量少，地表湿度大，地面积累热量达到最高峰，天气就最热。另外，夏季雨水多，空气湿度大，天气比较闷热。

三伏天需防中暑

如果长期处在高温和热辐射下，人体的体温调节能力就会下降，水、电解质代谢紊乱，甚至造成神经系统功能的损害，这种症状称为中暑。三伏天时室外温度较高，人长期曝露在室外容易造成体内水平衡的紊乱，而且这段时期空气湿度大，人的呼吸及机体的调节容易不平衡，所以人会发生中暑现象。

汗蒸的天气——桑拿天

在夏天，常会出现"桑拿天"，人们感觉像在桑拿浴室里蒸桑拿一样，闷热、潮湿的"桑拿天"像一个大蒸房，熏蒸着城市里的每一个人。

蒸笼般的热

桑拿天是在"桑拿"的基础上，用隐喻手法再造出来的新词，用来形容闷人类由于具有完善的体温调节机制，能维持较恒定的体温，即 37℃ 左右；最适宜人类生存的环境温度是 37℃ × 0.618 ≈ 23℃ 左右，在环境温度为 23℃ 时，人体会感到最舒服，这个温度也是最适于多数动物和植物生长发育的温度。但是这个环境温度不是绝对的，而应该是有所差异，所以最适宜人类生存的温度是在 18℃ ~ 25℃ 这个范围内。

热难耐，使人浑身汗水外浸的天气。

出现桑拿天是因为夏季水汽充沛，降雨导致空气相对湿度加大，高空温度较高，风力小，空气流通速度减慢，所以这种天气气温虽然不太高，但是人们会感觉憋闷不适。

桑拿天的生活准则

桑拿天气温高、湿度大，汗液排泄不畅，热量长期积聚体内散不去，人更容易导致中暑。要预防桑拿天中暑就要多喝水，多吃新鲜的水果和蔬菜，保证充足的水和营养；另外，在桑拿天要注意穿着宽松，尽量减少高强度运动，以免中暑。

在桑拿天人们常使用风扇、空调等来降暑，这样就会造成室内外的一个温差，所以在桑拿天要注意这个温差，以免出现伤风、感冒等症状，同时应注意饮食卫生，以免造成肠胃炎、食物中毒等感染类疾病。

秋后短暂的暑热天气——秋老虎

秋天应该是"秋高气爽"的季节，但是秋天也会出现"暑热难当"的时候，这就是"秋老虎"发威的天气。

秋老虎是民间老百姓根据历年的经验总结出来的说法，在我国广为流传，意思是说，每年的立秋之后的二十四天，同样是很热的，所以把这二十四天叫作二十四个秋老虎。这种在秋季的回温天气在外国也有，欧洲称之为"老妇夏"天气，北美人称之为"印第安夏"天气。

"秋老虎"发威

秋老虎是我国民间对立秋后重新出现短期回热天气的俗称，一般发生在八、九月之交，每年秋老虎控制的时间有长有短，持续约 7 ~ 15 天。

"秋老虎"天气出现的原因是控制我国的西太平洋副热带高压本来应该南移，却又向北抬头再度控制江淮及附近地区，所以在该高压控制下天气连日晴朗、日照强烈，形成晴朗少云的暑热天气，人们感到炎热难受，故称"秋老虎"。秋老虎天气，气温较高，但是空气湿度小，比较干燥，早晚凉爽，不同于盛夏的酷热，不至于热得让人喘不过气来。

神出鬼没的"秋老虎"

由于秋老虎天气出现的地方不定，出现的时间长短不定，人们往往把它形象地称为"神出鬼没的秋老虎"。由于我国地域辽阔，"秋老虎"出现的地方略有不同，例如我国华南的"秋老虎"要比长江流域来得迟，一般会推迟 2 ~ 4 个节令。由于每年"秋老虎"控制的时间有长有短，一般短则十天半个月，长则三两个月；更奇怪的是，有时"秋老虎"来了去，去了又回头，让人"防不胜防"。

恐怖的杀人浪——热浪

炎热的夏天一浪高过一浪的高温天气频频向人们袭来，这种天气造成的热浪是一种可怕的天气现象，会引起人类的死亡。

炎热的浪

热浪通常是指夏季里出现的 35℃以上的持续高温且湿度过大的暑热天气，一般可以持续几天至几周，这一极端天气会使人体耐力超过极限而导致死亡，所以又称为"杀人浪"，全世界每年都有数千人因热浪袭击而致死。盛夏季节，天气中出现反气旋或高压脊现象，反气旋导致气候干燥，气温升高，从而出现高温酷热天气。

知识链接

在炎热的夏季，皮肤在热浪的刺激下，散热功能会下降，而且红外线和紫外线可穿透皮肤引起皮肤干燥，从而影响全身各器官组织的功能，所以在夏季要采取及时打太阳伞、涂防晒霜等措施来保护皮肤，以免受到强烈阳光的刺激而导致灼伤、晒伤，同时要多喝水和清凉的饮料，注意休息，以免造成中暑。

⚓ 高温不等于热浪

高温与热浪是什么关系呢？高温是热浪的结果，热浪是高温形成的原因，但不是所有高温都是由热浪引起的。热浪具有周期性和偶发性的特点，热浪频发于夏季，但是热浪发生的区域、时间、频次和强度都是不断变化的，所以热浪的发生是相对来讲的，对一个较热的气候地区来说是正常的温度，对一个通常较冷的地区来说可能是热浪。

热浪除了与副热带高压有关之外，人为的因素也不能不引起重视，热浪与全球气候变暖、城市的温室效应、热岛效应，以及臭氧层破坏造成太阳辐射过强等都有关系，这些因素加剧了热浪的发生，而伴随着热浪频率和强度的增加，热浪将更严重。

地球上的玻璃花房——大气温室效应

人类不断向大气中排入二氧化碳等吸热性强的温室气体，使得地表与低层大气温度增高，地球表面逐渐变热。因其作用类似于栽培农作物的温室，所以叫温室效应。

⚓ 人为的温室环境

温室效应是典型的人为因素导致的，主要是现代化工业社会过多燃烧煤炭、

知识链接

如果温室效应持续发展，地球表面的温度会继续升高，科学家预测到2050年全球温度将上升2℃～4℃，温度升高带来的结果就是南北极地区的冰山将大幅度融化，融化的冰山会导致海平面大大上升，一些岛屿国家和沿海城市将淹于水中，其中纽约、上海、东京和悉尼等著名的国际大城市将会被淹没在海水中。

石油和天然气，因为这些燃料燃烧后会放出大量具有吸热、隔热功能的二氧化碳气体，大气中二氧化碳增多后便形成一种无形的玻璃罩，使地球上的热量无法向外发散，导致地球表面变热，从而形成温室效应。

　　能够增强温室效应的温室气体包括：二氧化碳、氯氟烃、甲烷、低空臭氧、氮氧化物气体等，它们都会使地球表面越来越热。温室效应除了与空气中二氧化碳等温室气体含量过多有关，还与森林锐减、水资源破坏有关，因为树木和水源被破坏后，吸收热量的能力会下降，因此地面的温度会升高，二氧化碳不能有效被吸收。过多的二氧化碳还导致了臭氧层被严重破坏，生态链因此被破坏，造成大量土地贫瘠，水污染和大气污染不断恶化，更加剧了温室效应的发生。

⛵ 温暖的危害

　　人类都希望生活在一个温暖的环境中，但是过度温暖对于人来说并不是有益

的，地球表面逐渐温暖会带来温室效应，而温室效应带来的危害是显而易见的：天气逐渐变热，会导致土地干旱，沙漠化面积增大，地球上的病虫害随之增加。

南北极冰川融化，导致海平面上升，海滨城市以及岛国将面临被淹的危险，而且气候会变得反常，海洋风暴逐渐增多。而随着气候的变幻，全球变暖的情况将会逆转，北极冰融化后导致降雨量加强，大量淡水汇入北大西洋破坏了墨西哥暖流，一旦墨西哥暖流被切断，人类将会迎来新的冰河时期，这一切都将严重影响人类的生存。

温室效应对于人类来说，不是单一的危害，而是与人类未来的生态环境息息相关的，所以人类要切实关注温室效应的危害，学会保护环境。

城市高温化——城市热岛效应

城市是人类社会文明发展的产物，但是随着城市工业的发展以及人口的增多，城市的环境经受着严峻的考验，出现了各种各样的问题，城市热岛效应就是其中一个。

城市热岛效应

城市热岛效应是指城市中的气温明显高于外围郊区的现象。从温度图上来看，郊区的气温变化很小，而城区则是一个高温区，犹如一个温暖的岛屿，所以

知识链接

根据城区和其周围郊区的气象比较，城市气候有"热岛""干岛""湿岛""浑浊岛""雨岛"这"五岛"效应。由此可以看出，城市与同时期周围郊区相比，有气温高、水汽压高、低云量多、大气比较浑浊等特点。

就被形象地称为"城市热岛"。城市热岛效应最明显的特征之一就是闷热，因为城市白天吸收储存的太阳能量多，到了晚上，城市降温缓慢，天气仍然闷热，所以城市一天的温度都要比郊区高。

城市很热的原因

出现城市热岛的原因是多方面的，在现代化的大城市中，人口比较集中，除了数百万人日常生活所发出的热量，还有工业生产、交通工具散发的大量热量。而且城市工业发达，大气污染严重，城市高大密集建筑物采用的混凝土的热传导率和热容量都很高，加上建筑物本身阻碍气流通行，对风有阻挡或减弱作用，使城市风速减小，所以不可避免地形成了城市热岛效应。

城市热岛效应的危害

城市热岛效应不仅使城市的气候发生了变化，还带来了严重的污染，成为

影响城市环境质量的重要因素。要缓解热岛效应的危害，可以增加绿地和水面的面积，增加吸热量，削弱热岛效应的能力，同时要控制工业的污染，减少人口数。

炎热引起的自燃——森林大火

森林是人类的好朋友，它能够净化环境、提供氧气，为人类和动物的生存提供家园。但是森林大火却会无情地烧灭人类对于森林的依赖。

⛵ 森林自燃

有一种森林大火，是排除人为因素的自然火灾，是由于长期天气干燥导致

地面温度持续升高而引发的森林物质燃烧的火灾。

森林生长靠的是太阳，森林不断地从太阳中寻求能量来生长，由于林地裸露，太阳光直射，土壤表面温度增加，湿度变小。如果天气持续高温干燥，森林中的能量积累到一定程度就会释放出来，森林大火就是森林迅速释放大量能量的过程。

一般地说，每隔 5 ~ 25 年，森林会自燃一次。森林的自燃之火一方面给人类带来了灾难，另一方面控制了森林幼树生长的数量，淘汰一些病树、枯枝，为森林中各种树木的快速成材提供适当的空间。

趣味故事

会自己燃烧的树

在奇妙的自然界中，有一些植物会神秘地自燃。在南美洲的大森林里，有一种名叫"看林人"的杜鹃树，它的"身体"里含有挥发性的芳香油脂，当森林炎热干燥时，这种芳香油脂便纵火自燃，甚至会酿成森林火灾，所以这种植物在当地还有个别名，叫"纵火花"。

预防森林大火

森林是大自然的组成部分，在影响森林的自然因子中，由自然火引起的森林火灾约占我国森林火灾总数的 1%。森林火灾是森林最危险的敌人，它会给森林带来毁灭性的后果。森林火灾会烧毁成片的森林，引起土壤的贫瘠和破坏森林涵养水源的作用，从而导致生态环境失去平衡。

中国最炎热的地区——吐鲁番

在气象学里，表示一个地方夏季的炎热程度有许多指标。但不管采用哪个指标，吐鲁番都位居首位。这个地方在 1962 年 7 月 25 日，以地面极高温度 76.6℃创下中国夏季温度的最高纪录，这个纪录为它赢得了"火洲"的称号。

⚓ 有钱人住地下室

吐鲁番盆地有一个"两极"现象——海拔最低，但气温最高。所有到过吐鲁番的人都能感受到它的炎热：近 20 年来每年有 4 个月地面温度在 50℃左右。当地民间流传着"沙窝里蒸熟鸡蛋、石头上烤熟面饼"的说法。在吐鲁番，每年日平均最高温达 40℃～50℃以上的酷热天气就有 25 天左右。这么高的温度简直要把所有地表生物烤熟。

因此，在这里看不到高层建筑物，因为天气太热，四层以上的楼房就没办法住人了。既然越高越热，聪明的吐鲁番人就在地下挖掘避暑室，地下室的温度当然要比地上房屋的温度低得多。因此，在这个地方，人们大都要建造豪华的地下室用来居住。

⚓ 葡萄美酒葡萄城

别看吐鲁番热得让人无法忍受，却有一些水果植物在这里长得茂盛——抗热的葡萄、西瓜等果品正是吐鲁番的特产。尤其是葡萄，吐鲁番无核白葡萄闻名国内外，用它晾制的葡萄干更具备含糖高、维生素 C 含量高、色泽碧绿等特点，在世界葡萄干品种里堪称珍品。因此，吐鲁番这个"火洲"让它成了闻名遐迩的"葡萄城"。

拓展阅读

吐鲁番的火焰山

说到最炎热的吐鲁番，绝对不能错过大名鼎鼎的"火焰山"。火焰山位于吐鲁番盆地的北边，是吐鲁番最著名的景点。看过《西游记》的人都知道唐僧要过火焰山，必须借得铁扇公主的芭蕉扇。这一小说中的情节更是给火焰山披上了一层神秘的面纱。其实，称其为火焰山，山上却并无明火，只是在烈日照射下，红色砂岩熠熠发光，炽热气流滚滚上升，赭红色的山体看似烈火在燃烧。此种景象，称其为火焰山，倒也名副其实。

逆转的气温——逆温

事物的发展是有自身规律的，但并不是自然界所有的事物都是按照标准而来的，逆温就是大自然不正常的规律导致的一种自然现象。

下冷上热

逆温是对流层中气温垂直分布的一种特殊现象。在低层大气中，通常气温随高度的增加而降低，但有时在某些层次会出现相反的情况，温度受地面影响极度下降，而上部只是缓慢下降，这就造成气温随高度的增加而升高，空气的上部温度高于底部的现象，称为逆温。总的来说，就是大气上空的温度高于底部的温度。

逆温的影响

逆温出现会对天气产生一定影响。因为逆温现象发生时，暖而轻的空气在上面，冷而重的空气在下面，形成一种极其稳定的空气层笼罩在近地层的上空，严重地阻碍着空气的对流运动，这样对流就停止了。

也正是由于这种原因，近地层空气中的水汽、烟尘、汽车尾气以及各种有害气体不容易扩散，飘浮在逆温层下面的空气层中，形成云雾，降低了能见度，给交通运输产生影响，同时由于对流停止了，空气中的污染物不能及时扩散，加重了大气污染。

逆温的几种形式

逆温分成四种形式：辐射逆温、平流逆温、锋面逆温、水面温差产生的逆温。

辐射逆温是在晴朗无风的夜晚，地面辐射减弱，地面大气迅速冷却，上层

大气降温较慢形成的逆温。当暖空气水平移动到冷却的地面、水面或气层之上时，底层空气因受下垫面的影响迅速降温，上层空气因距离较远，降温较少，于是产生平流逆温。锋面逆温是暖空气运移到冷空气之上，形成冷暖相交的锋面，如果锋面上下暖冷空气的温差较大，则形成逆温。水面温差也会产生逆温，如长江三峡工程建成后的三峡水库，会产生逆温现象。

水面上空的低温——冷湖效应

近年来，不断传出云南丽江玉龙雪山积雪冰川融化的消息，据说玉龙雪山"19条冰川已有4条消失"。针对玉龙雪山冰川融化之痛，人们开出的药方之一就是"冷湖效应"——在玉龙雪山修建人工湖泊来增加附近地区的降水量，使之产生"冷湖效应"。

何谓冷湖效应

盛夏季节，由于地面状况的不同，空气受热程度也会出现很大的差异。比如裸露的陆地上，当太阳光到达地面后很容易被反射到大气中，加上地面热容量小，在中午太阳暴晒后就使得近地面上空空气温度较高，形成一个"热源"。但是湖泊或江面上空，由于下面有水源，阳光可以透射一部分，反射到空中的热量就较少，加之水的热容量较大，这样就使得水面上空的温度相对较低，这种现象叫作"冷湖效应"。

冷湖效应的表现

在陆地上，有些地方增温快，温度高，可以连续不断地提供水汽和上升气流。当雷雨云团移到江河湖泊上空时，由于下垫面的"冷湖效应"，空气下沉，雷雨云团得不到上升的动力和水汽的输送，就会马上减弱甚至停止。

极地探险家的大敌——乳白天空

南极是地球上最后一个被发现、唯一没有土著人居住的大陆，那里存在着一种鲜为人知的可怕的自然奇观，这就是南极的独特天气，被称为"乳白天空"。乳白色的天空给人带来了神奇的景观，同时带来的还有致命的危险。

牛奶色的天

乳白天空又名乳白景象，它是由极地的低温与冷空气相互作用形成的。在极地区域，到处是积雪和冰层，如果此时天空也均匀地充满云层，那么当阳光射到冰层上时，会立即反射到低空的云层，而低空云层中无数细小的雪粒又将光线散射开来，再反射到地面的冰层上。如此来回反射的结果，便产生了乳白色光线，形成了乳白色天空，地面景物和天空均处于白茫茫一片之中。

出现乳白天空时，天地之间浑然一片，很难识别地平线与云层，一切景物都看不见，仿佛融入浓稠的乳白色牛奶里，深度与方向难以判别，人的视觉会分不清远近、大小，在视界内的黑暗物体则似乎"悬浮"在某一不确定的距离处，意识也会消失，严重时还能使人头晕目眩，失去知觉而丧命。

乳白色的迷惑

乳白天空是极地探险家、科学家和极地飞行器极其不愿意遇到的。若遇到

拓展阅读

乳白天空事件

1958 年，在南极埃尔斯沃恩基地，一架直升飞机遇到这种乳白色天气，因失去控制而坠机。1971 年，一名驾驶飞机的美国人，在距离南极特雷阿德利埃 200 千米的地方，遇到了乳白天空后失去联系，一直下落不明。

它，将是很危险的，很多的探险家和极地飞行器就是因为遇到乳白天空失去控制而坠机殒命。乳白天空虽然对人类在南极的活动构成危险，但只要事先进行有针对性的训练，有安全防范措施，还是可以避免的。如果有机会要抓紧时间绕道躲开，如果躲不过，应待在原地不动，注意保暖，耐心等待乳白天空的消失。

强冷空气来袭—— 寒潮

冬天是一年中最寒冷的季节，在冬天的寒冷天气中，还会出现比平常更为寒冷的天气，如降温、大风，甚至大雪，这就是寒流来袭。

⛵ 寒冷的潮流

寒潮是冬季的一种灾害性天气，一般多发生在秋末、冬季、初春时节，群众习惯把寒潮称为寒流。所谓寒潮，就是来自高纬度地区的寒冷空气向中低纬度地区的大面积侵袭，并且在特定天气形势下迅速加强，造成沿途大范围的剧烈降温和大风、雨雪天气。

我国气象部门规定：冷空气南侵达到一定标准的才称为寒潮，只有冷空气侵入造成的降温引起气温 24 小时内下降 8℃以上，且最低气温下降到 4℃以下；或 48 小时内气温下降 10℃以上，且最低气温下降到 4℃以下；或 72 小时内气温连续下降 12℃以上，且最低气温在 4℃以下，才称此冷空气爆发过程为一次寒潮过程。可见，并不是每一次冷空气南下都称为寒潮。

> **知识链接**
>
> 2020 年 12 月 29 日至 2021 年 1 月 1 日，中国出现了一次从北至南的大范围的寒潮天气，这波寒潮降温强劲，到 1 月 6 日时，北京出现 −19.6℃的低温，刷新了 1966 年以来的最低气温。如果告诉你，寒潮背后的原因正与全球变暖有关，你会不会觉得很不可思议？其实，正是因为北极冰盖融化，冰层数量减少造成大气环流异常，冷空气走向混乱，极地冷涡南移导致。

寒潮的特点

寒潮爆发在不同的地域环境下具有不同的特点，寒潮最大的特点就是气温急剧下降，气温不稳定、变化异常，随之引起狂风呼啸，极易引发沙尘暴天气，有时陆上风力可达 8 级，海上风力可达 10 级，之后出现降水现象，大雪或者冻雨，寒潮过后还会出现低温和霜冻。

中国最寒冷的地区之一——漠河

1969 年 2 月 13 日清晨，我国最北的气象站——黑龙江漠河气象站观测到当地当天的最低气温值为零下 52.3℃，这个最低气温纪录一直保持到现在，这里便成为我国最寒冷的地区之一。

寒冷的边陲小镇

漠河位于我国版图的最北端，是黑龙江北部大兴安岭地区的一个边陲小镇，是我国纬度最高的县份。这里平均气温在零下 5.5℃，各月平均气温在 0℃以下的月份长达 8 个月，气温年较差为 49.3℃。在这样寒冷的地方，仍然居住着汉、蒙古、回、满、朝鲜、鄂温克、鄂伦春、锡伯、土家等 11 个民族，人口超过十万。

不夜城

在这极寒之地，居然可以看到一种天文奇观——北极光。

由于漠河位于北纬 53° 30′ 的高纬度地带，因而在漠河上空的北面会有"白夜"和"北极光"两大天然奇景。北极光出现在北面天空时，是一个由小至大、色彩变幻不定的光环，色彩达到最灿烂艳丽时，光环慢慢移到东边，由大变小，最后消失，简直像科幻大片里的绝美镜头。在北极光的照射下，这里的黑夜亮如白昼，漠河也就有了"不夜城"的美名。

拓展阅读

北极村的极昼和极夜

每当夏至前后，漠河一天中有近 20 个小时能够看到太阳，这便是人们常说的极昼现象。幸运时还能看到异彩纷呈、绚烂多彩的北极光。一天 24 小时几乎都是白昼，午夜向北眺望，天空泛白，像傍晚，又像黎明，而冬至前后会发生极夜现象。这是北极村的一大特色。

阳光幻境

雨过天晴之后，常常会有美丽的彩虹挂在天边，这其实只是阳光幻境的一种。太阳光穿过大气层，受到云、空气中的水滴和尘埃颗粒等发生的反射和折射，就形成了多种多样的大气光学现象，例如日晕、月晕、日华、霓等，而这些大气光学现象往往预示着天气要有一定的变化，本章将带你了解这些七彩的光芒。

环绕太阳的彩色光圈——日晕

日晕是一种比较罕见的天象，是围绕太阳的彩色环形，由里到外按照赤、橙、黄、绿、青、蓝、紫的色彩顺序排列，光环距离太阳较远。

▲ 太阳的光圈

日晕是一种大气光学现象，当光线射入卷层云中的冰晶后，经过两次折射，

> **知识链接**
>
> 日晕可以成为天气变化的一种前兆，因为日晕的出现，预示着天气可能转阴或下雨等一定的变化。天气要下雨时，往往会在高空中出现像鸟类羽毛般的卷云，接着在卷云的下面6000米左右空中出现含雨的卷层云。卷层云中会有一些水蒸气，这种云含有大量的水蒸气，由于温度较低会遇冷凝固，就形成了六菱形的小冰晶。卷层云中的冰晶经过太阳照射后会发生折射和反射等物理变化从而出现日晕，而这个条件也正是下雨所具备的条件。

将太阳光分散成不同方向的各色光,往往在太阳周围出现一个彩色或者白色的光环或光弧,这些光环、光点、光弧内红外紫,有红、橙、黄、绿、青、蓝、紫七种颜色,被称为"日晕"。

⚓ 多日同辉

出现所谓多日同辉的天气现象,对气象条件的要求比较苛刻。

首先,出现多日同辉现象的物质载体是天空得有适量的云,云少了便无法形成,云过多则会把光直接吸收掉,于是光也射不到地面上来。其次,空气中必须得有足够多的水汽,一般为六菱体的冰晶,这样才能产生光的折射。最后,风得比较小,大气层得比较稳定,否则就会打乱有规则的冰晶,无法形成有规律的光的折射现象。

月亮周围的彩色光圈——月晕

月晕像彩虹一样，只不过它是围绕着月亮的光环，或白色，或彩色，形成一个大的光圈环绕着月亮。

⚓ "毛月亮"

我们有时会在月亮的周围，看到一个甚至两个以上的彩色或白色光圈，而且月光也似乎暗淡了许多。月亮被几层云包围着，围成几圈，晕圈的颜色一般是内紫外红，呈彩色光环。有时也呈银白色光圈，其实这就是月晕。

月晕像日晕一样，是一种自然界的光学现象，是由于月亮的光线透过高而薄的卷层云时，受到冰晶折射而形成的，使七色复合光被分散为内紫外红的光环或光弧，围绕在月亮周围。

　　当天空中出现月晕时，离这层云有六七百千米，按每小时四五十千米移速来估算，一般在晕出现后十几个小时风雨才会到来，这便是"日晕三更雨，月晕午时风"的道理，所以不是晕一出现马上就有风或雨。

月晕有风

　　在夜晚，月亮有时看起来像被圆圈套住，人们称为"风圈"，而且风圈越大，第二天风就越大，这就是"风圈现象"，其实风圈就是气象上的"晕"。当月光通过云层中的冰晶时，经折射而成的光在月亮周围形成光圈，月晕的出现和日晕一样，往往预示着天气要有一定的变化。一般月晕多预示着要刮风，因为出现晕的卷层云本身不会产生降雨，只有含有大量水分的中低云才可能下雨，所以只要"晕"后中低云的发展到了一定的条件就会有降水。

白天灿烂的光芒——日华

　　太阳是由多种颜色组成的，具有五彩斑斓的模样，有时候太阳的周围会形成一种内部蓝绿色外部红棕色的模样，这就是日华。

色彩斑斓的太阳

　　当天空中有卷层云出现时，在太阳和月亮的周围，有时会出现一种美丽的七彩光圈，里红外紫，外边一圈白色的就是日晕。如果这层美丽的七彩光圈外红里紫，而且这个彩色光环比晕小，就叫作"华"，华是一种衍射现象。日华大多产生在高积云的边缘部分，华环由小变大，天气趋向晴好；华环由大变小，天气可能转为阴雨。

⚓ 日华的产生

光通常是沿直线传播的，但是由于光的波动性，它遇到极微小的障碍物时，光波绕过它的边缘而达到障碍物的后面，也就是偏离了原来直线传播的方向，这种偏离的程度会因光的颜色而不同，日华因此而形成。

华的大小、清晰程度跟云的结构有关。一般而言，云厚的时候，衍射光线不容易通过，华不容易产生；所以只有云薄的时候，人们才容易看到华。华环大小与云里水滴、冰晶的大小成反比；如果云里水滴、冰晶比较小而且大小一致，华环直径就大且比较完整；如果水滴、冰晶直径大且大小不一致，那么华环就小且不规则。

拓展阅读

月华

除了日华之外，还有月华。月华是指月光照射到云层上出现在月亮周围的彩色光环，月华内部为蓝绿色，外部为红棕色。

七彩之光——虹

雨后的天空中有时会出现一条色彩艳丽的拱形七彩光谱，它是由赤、橙、黄、绿、青、蓝、紫七个颜色组成的，所以人们称之为彩虹，其实彩虹是阳光射到空气中的水滴里发生的光学现象。

⛵ 七彩的由来

彩虹是气象中的一种自然光学现象。由于水对光有色散的作用，不同波长的光的折射率有所不同，所以各种颜色的光发生偏离时紫色光的折射程度最大，红色光的折射程度最小，其他各色光则介乎于两者之间，折射光线经雨滴的后缘内反射后，再经过雨滴和大气折射到我们的眼里，空气中悬浮的雨滴很多，所以同一弧线上的雨滴所折射出的不同颜色的光线角度相同，而且由于光在水滴内被反射，所以光谱是倒过来的，红光在最上方，其他颜色在下。于是就出现了内紫外红的彩色光带，即彩虹。

⛵ 彩虹的出现

彩虹的出现与天气条件有关，彩虹经常在雨后刚转天晴时的下午出现，一般中午太阳高度角大的时候不会看到彩虹，因为彩虹是"日照雨"时形成，所以只能出现在太阳的对面；而且只有空气内尘埃少而又充满小水滴时，天空的一边有阳光，一边有雨云，这时彩虹才容易被看到。

知识链接

天空中，不光会出现一条虹，还会同时出现两条、三条甚至五条虹，不过这种现象比较少见。多条虹同样是由于阳光在水滴里发生反射和折射，因为光线的路线更加复杂造成的。

彩虹的色彩和宽度与雨滴大小有关。雨滴越大，彩虹越小，色彩越鲜明；雨滴越小，彩虹越宽，色彩越暗淡。

天空中的副虹——霓

雨后天空中出现的弧形彩带，色彩鲜明的叫虹；颜色排列顺序与虹相反，色彩比虹暗淡的叫霓，也叫副虹。

⚓ 第二道虹

雨后天空中可能出现彩虹，有时候会在彩虹的外侧出现第二道虹，叫作"霓"。"霓"和"虹"一样，是因为阳光发生了折射或者反射而出现的一种自然现象。"霓"与虹相对，位于"虹"的外圈，一般不出现，即使出现，亮度和鲜

知识链接

　　虹和霓都要背对太阳而立才能观察到。在夏日的傍晚，西方放晴而东方天空有云、雨时，最易看到虹和霓。如今"霓"已经不再单纯地用来形容类似于虹的这种自然现象，而是代之以彩云、彩霞，用来形容五彩斑斓的颜色。

艳程度也不及虹。通常说的彩虹是外红内紫，呈弧形，弧高40°～42°。这条与彩虹差不多的弧形彩带"霓"却是外紫内红，颜色排列顺序和彩虹相反，所以被称作副虹。

⚓ 光线通过雨滴

　　无论是霓还是虹，都是由于光线通过雨滴时发生了折射和反射造成的，太阳光线通过大量水珠时，发生折射和反射后进入人的眼睛，形成了色彩分开的虚像。频率高的光波折射的程度要大于频率低的光波，于是彩虹中红色在外，紫色在内，中间有各色光带。而霓的成因也与折射和反射有关，只不过它是二次内反射的结果，当光线折射进入水珠后，经过若干次反射再折射出水珠。在此期间，每次都只有一部分能量反射，另一部分却通过折射损失了，所以折射出来的像比较淡，而且与"虹"相反，红色在内，紫色在外。所以一般来讲，反射一次是"虹"，反射两次是副虹——"霓"，即光线在水珠中的反射多了一次，就形成霓。

黎明和傍晚的颜色——曙光和暮光

　　在有大气包围的地球上，白天和黑夜循规蹈矩更替着，这种更替带来了种种美丽的景色——曙光和暮光。

⛵ 黑白之间

地球自转带来了白天和黑夜，在白天和夜晚之间有个过渡阶段。由于日出之前和日落之后，太阳高度角偏低，隐藏在地平线以下的太阳照耀到了地球外的高层大气，大气中各种气体分子、浮尘杂质把光线散射到地面，因而天空中出现了相对昏暗的时光。

气象学上把日出前到达地面的光线称为"曙光"，即太阳未露出地平线前，阳光照射到高层大气，阳光被大气分子散射，造成天空微亮，地面微明，从这时刻起到太阳露出地平线为止的光亮称曙光，也指破晓时的阳光。曙光持续的时间叫"黎明"。

日落后到达地面的光线称为"暮光"，即太阳西沉到地平线以下后，仍有一段时间阳光可照射到高空大气，因空气分子散射使天空和地面仍维持微明，这段时间的光称暮光。暮光持续的时间叫"黄昏"。如果没有大气分子散射引起的曙光、暮光，昼夜的交替就会在日出

曙暮光是成因相同而出现顺序相反的两种现象。由于曙光开始与暮光终了的标准不同，通常分为民用曙暮光、航海曙暮光与天文曙暮光。

和日落的那一瞬间突然发生。

◢ 晨昏蒙影

曙光与暮光合称曙暮光，又称"晨昏蒙影"，曙暮光的出现与大气层的存在有巨大的关系，如果没有大气，人们不会经历黑与白的交替，不会有幸在晨曦中迎来"黎明"，也不会看到夕阳西下，太阳的余晖洒向天边。而且曙暮光的持续时间也不一样，曙暮光在赤道的持续时间最短，随纬度增高而逐渐增加。在极圈内，曙暮光可以从日落持续到日出，夏天会出现 24 小时的白天，这种现象通常称为"不眠夜"。

佛的光芒——佛光

佛经中说，佛光是释迦牟尼眉宇间放射出来的光芒。其实佛光是一种非常特殊的自然物理现象，是太阳照在云彩之上，云彩中的细小冰晶与水滴形成的独特的圆圈形彩虹。

◢ 七色光环

"佛光"是一种特殊的自然物理现象。用光学的知识解释，就是太阳光从人的身后射过来，会穿过人前后两个薄层，第一个云雾滴层对入射阳光产生分光作用，后一个云雾滴层则对被分离出的彩色光产生反射作用，经过这种相互作用就形成了环形彩色光像，也就是我们见到的佛光。"佛光"由外到里依次为红、橙、黄、绿、青、蓝、紫，直径约 2 米。有时阳光强烈，云雾浓且弥漫较宽时，则会在小佛光外面形成一个同心大半圆佛光，直径达 20 ～ 80 米，虽然色彩不明显，但光环却分外明显。

　　"佛光"比较罕见，因为"佛光"奇观的出现要有阳光、地形和云海等众多自然因素的结合，只有当太阳、人体与云雾处在一条倾斜的直线上时，才能产生佛光，所以人们觉得佛光很珍贵，是神发出的光芒。

神奇的佛光

　　佛光只出现在上午和下午，早晨佛光出现在西边，下午佛光则出现在东边。"佛光"彩环的大小同水滴雾珠的大小有关：水滴越小，环越大；反之，环越小。

　　"佛光"出现时间的长短，与阳光是否被云雾遮盖和云雾是否稳定有很大的关系，如果出现浮云蔽日或云雾流走，"佛光"即会消失，一般条件稳定下的

"佛光"出现的时间为半小时至一小时。

佛光中还有一个奇特的方面就是人能看见佛光中的人影，也正是人看到自己的错觉让人觉得是见到了佛，而且无论多少人观看，人们看到的都是只有自己笼罩在佛光之中，其实这也是佛光神秘的所在。因为看佛光的时候只有位于某个"光锥"面的单色光，才能为人们所见，这个"光锥"的视夹角只有 9 度左右，所以人们各自看到的光环，只是以各自的眼睛为顶点的，通过"光锥"面上的水滴作用的结果，就好像人各自有一面镜子，照见的自然只是自己的影子。

神奇的幻境——海市蜃楼

平静无风的海面、江面、湖面、雪原、沙漠或戈壁等地方，有时眼前会突然耸立起高大楼台、城郭、树木等幻景，变幻莫测，宛如仙境，古人以为是蛟龙之属的蜃吐气而成楼台城郭，因而命名为海市蜃楼。

▲ 光线折射的产物

海市蜃楼是一种因光的折射而形成的自然现象，是地球上物体反射的光经大气折射而形成的虚像。因为在大气中，各层空气的密度不同，冷空气的密度比热空气大，在温度不同的两层空气交界处，光线会发生折射和反射，像镜子一样显示出远方景物的影像。如果下层空气密度大而上层的密度小，就会在半空中出现远方景物的头朝上的幻象；若下层空气的密度小而上层的密度大，就会出现头朝下的倒影。

海市蜃楼的出现与地理位置、地球物理条件以及那些地方在特定时间的气象特点有密切联系。所以只要条件满足，海面、沙漠、草原上都可以出现，甚至还会出现在大城市里的柏油马路上。

▲ 蜃景的出现

　　海市蜃楼在气象学中统一称为蜃景，蜃景是一种非常特殊的气候现象。气温的反常分布是大多数蜃景形成的气象条件，一般在海上或沙漠中比较容易发生。在春夏之际，水的温度很低，而天气骤然转热，这时接近水面的空气温度低，密度大，而上层空气温度高，密度小，就出现了海市蜃楼。在沙漠地区，一望无际的沙砾被太阳晒得滚烫，造成近地面的空气温度高，密度小，而上层空气正好相反，太阳光遇到了不同密度的空气就出现了海市蜃楼的现象。

　　有时城市的柏油马路因路面颜色深，夏天在灼热阳光下吸收能力强，同样会在路面上空形成上层的空气冷、密度大，而下层空气热、密度小的分布特征，所以也会形成海市蜃楼。

▲ 蜃景的特点

　　在西方神话中，蜃景被描绘成魔鬼的化身，是死亡和不幸的凶兆，而我国自古以来则把蜃景看成仙境。

　　蜃景有两个特点：一是在同一地点重复出现，比如我国山东蓬莱的海面上和新疆的沙漠中经常会出现蜃景；二是出现的时间一致，比如蓬莱长岛是中国海市蜃楼出现最频繁的地域，海市蜃楼一般出现在七八月间的雨后。

极地夜空中的璀璨光芒——极光

　　在地球南北两极附近地区的高空，夜间常会出现灿烂美丽的光辉。忽明忽暗，轻盈地飘荡，发出红的、蓝的、绿的、紫的光芒，这种美丽的景象叫作极光。

🔺 两极的光

极光常出现在纬度靠近地磁极地区上空，是大气中的一种彩色发光现象。这美丽的景色是由于太阳与大气层相互作用产生的，它是来自太阳活动区的带电高能粒子流使高层大气分子电离而形成的。

在太阳创造的能量中，有一种能量被称为"太阳风"。太阳风是太阳喷射出带状、弧状、幕状、放射状的带电粒子，这些形状的粒子有时稳定有时作连续性变化，在地球上空环绕地球流动，撞击地球磁场，太阳发出的带电粒子沿着地磁场进入地球两极的高层大气，受到太阳风的轰击后会发出光芒，形成极光。在南极地区形成的叫南极光，在北极地区形成的叫北极光。

🔺 极光的威力

极光的颜色和形态是不一样的，但是极光不只是一种美丽的自然现象，它对人类的生活是有影响的，因为极光的产生是带电粒子所致，所以极光在地球大气层中投下的能量，可以与全世界所产生电容量的总和相比。这些巨大的能量会搅乱无线电和雷达的信号，极光所产生的强力电流，还会影响长途电话线和微波的传播，使电路中的电流"损失"，甚至使电力传输线受到严重干扰，使某些地区的电力中断。

变色的太阳——绿色太阳

在人们的心中，太阳是一个红彤彤的发光的铜盘，是有七种颜色组成的一个光亮的形象，但是有时候，太阳也会变成绿色。

绿颜色的太阳

太阳是七彩光轮相互重叠产生的，但是这种重叠带给人们的视觉效果是白光，所以平时我们看到的太阳是一个白的发亮的光盘，只有在太阳的上下边缘，光轮的颜色不混合，会呈现出蓝色和绿色，这两种光穿过大气层时，蓝光受到强烈散射，几乎看不见，而绿光却可以自由地穿透大气，这时候人们看见的就是绿色的太阳。

怎么才能看见绿色太阳

绿太阳出现的时间极短，通常不会超过 3 秒钟。要想看到绿太阳，首先，要选择日出或者日落时，这时候太阳黄色光多变化，并且在落山时鲜艳明亮。也就是说，在大气对光线的吸收作用不大，而且是按比例进行吸收的时候才会出现绿太阳。

其次，要站在空气清新的小丘上，因为这样远处地平线是清晰的，近处没有树木或者建筑物的遮挡。而且在太阳还没有到地平线以下时，不能正视太阳。只有当太阳差不多快要沉没，只留下一条光带时，绿色太阳才会出现。

绿色太阳出现的原理

太阳光是由赤、橙、黄、绿、青、蓝、紫七种颜色构成的，当阳光穿过大气层时会像三棱镜一样被折射为彩虹七色。在日出和日落时，太阳只有一小部分在水平线之上，波长较短的光线被折射得较多，所以在日出或日落的一刻，我们最先或最后看见的都应该是蓝光。但是，蓝色的光在空气中较易被散射，不易看见，所以我们看见的往往是比蓝光波长稍长的绿光，这便是绿太阳的由来。

世界日照最多的地区——撒哈拉沙漠

撒哈拉沙漠位于非洲北部，是世界上阳光最多的地方，也是自然条件最严酷的沙漠，是世界最大的沙质荒漠。气候条件非常恶劣，是地球上最不适合生物生存的地方之一。"撒哈拉"是阿拉伯语，源自当地游牧民族图阿雷格人的语言，原意即为"沙漠"。

耐热的动植物

撒哈拉沙漠植被从整体来说是稀少的，高地、绿洲洼地和干河床四周散布

知识链接

撒哈拉沙漠将非洲大陆分割成两部分：北非和南部黑非洲，这两部分的气候和文化截然不同。撒哈拉沙漠南部边界是半干旱的热带稀树草原，阿拉伯语称之为"萨赫勒"，再往南就是雨水充沛、植物茂盛的南部非洲，阿拉伯语称为"苏丹"，意思是黑非洲。

有成片的青草、灌木和树。撒哈拉沙漠的哺乳动物种类有沙鼠、跳鼠、开普野兔和荒漠刺猬等，蛙、蟾蜍和鳄生活在撒哈拉沙漠的湖池中。蜥蜴、避役、石龙子类动物以及眼镜蛇出没在岩石和沙坑之中。沙漠蜗牛通过夏眠之后存活下来，在由降雨唤醒它们之前会几年保持不活动。在含盐洼地发现有盐土植物。撒哈拉沙漠高地残遗木本植物中重要的有油橄榄、柏和玛树、埃及姜果棕、夹竹桃、海枣和百里香。撒哈拉沙漠的湖、池中有藻类、咸水虾和其他甲壳动物。生活在沙漠中的蜗牛是鸟类和动物的重要食物来源。

⚓ 撒哈拉的成因

第一，北非位于北回归线两侧，常年受副热带高气压带控制，盛行干热的下沉气流，且非洲大陆南窄北宽，受副热带高压带控制的范围大，干热面积广。

第二，北非与亚洲大陆紧密相邻，东北信风从东部陆地吹来，不易形成降水，这样一来北非更加干燥。

第三，北非海岸线平直，东侧有埃塞俄比亚高原，对湿润气流起阻挡作用，使广大内陆地区受不到海洋的影响。

第四，北非西岸有加那利寒流经过，对西部沿海地区起到降温减湿作用，使得沙漠逼近西海岸。

第五，北非地形单一，地势平坦，起伏不大，气候单一，形成大面积的沙漠地区。

中国日照最长的地区——星星峡

日照时数是指一天内太阳直射光线照射地面的时间，以小时为单位。日照和热量不完全是一回事，在我国，青藏高原因为海拔高，空气稀薄，晴朗天气

趣味故事

"猩猩"峡

据说，星星峡曾一度称作"猩猩峡"。那么，这猩猩峡的名称是什么来由呢？

据传，曾经有几只猩猩看到这里土匪强盗横行霸道、抢劫路人的罪恶活动，便经常爬到山崖的制高点上放哨，每当发现过往路人或者商队有被土匪抢劫的危险，便大声啼叫，提醒人们不要入谷，赶快躲起来。如果真的有人遭劫，它们便乱掷石块，发动攻击，保护商队旅人安全越过隘口。人们为了感谢猩猩的义举，便把这里称作猩猩峡。

多，所以日照时数多。而四川盆地与其纬度差不多，但水汽多，受地形限制，所以多云，日照时数少。

星星峡不是峡谷而是隘口

听星星峡的名字，我们会以为这个地方是一个峡谷。其实，星星峡名字里虽然有"峡"字，却是一个隘口。它是由北山的风蚀作用而形成，自古就是中原地区与西域之间的交通要冲，至今仍保有公路干线交通站的地位。由于这里海拔较高，年日照达 3549 小时，比紧邻的哈密市多 200 多小时，创下了新疆乃至全国的高温纪录。

第一咽喉重镇

从历史及民间传说来看，星星峡最为闻名的不是它的日照时间，而是它作为丝绸之路重镇的重要地理位置。它是由河西走廊进入新疆之后需要穿过的一个重要隘口，具有新疆东大门"第一咽喉重镇"的名号。它自古地势险要，谷内危崖千丈，道路崎岖，是唯一可以穿越的通道，最窄处仅有十多米宽，所以有"一夫当关，万夫莫开"的战略地形优势，是历来兵家必争的要冲。历史上一些有着各种企图的战争发起者都曾派兵驻守星星峡。现在去看星星峡，在跌宕起伏的山峦上，还能看到碉堡、枪眼、弹痕斑斑的残迹。

157

气象预警

天气变化无常，为了保证人们的生命财产能少受或不受损失，加强气象灾害监测预警及信息发布工作是非常重要的。

大气的物理现象——气象

气象，是指发生在天空中的风、云、雨、雪、霜、露、虹、晕、闪电、打雷等一切大气的物理现象。气象观测的项目主要有气温、湿度、地温、风向、风速、降水、日照、气压、天气现象等。

▲ 对气温的观测

气温就是空气的温度，我国用摄氏温标"℃"来表示。天气预报中所说的

拓展阅读

气象卫星

气象卫星就是从太空对地球及其大气层进行气象观测的人造地球卫星，实质上是一个高悬在太空的自动化高级气象站。

卫星通过所载各种气象遥感器，接收和测量地球及其大气层的可见光、红外和微波辐射，并将其转换成电信号，然后传送给地面站。地面站将卫星传来的电信号复原，绘制成各种云层、地表和海面图片，再经进一步处理和计算，得出各种气象资料。

气温，一般指在野外空气流通、不受太阳直射下测得的空气温度。

气象部门所说的地面气温，就是指高地面约 1.5 米处百叶箱中的温度。一般一天观测 4 次（2、8、14、20 四个时次），部分观测站根据实际情况，一天观测 3 次（8、14、20 三个时次）。最高气温是一日内气温的最高值，一般出现在午后 14 ～ 15 时，最低气温一般出现在早晨 5 ～ 6 时。

对湿度的观测

湿度表示空气中水汽含量和湿润程度，一般由气象观测站安装在距离地面 1.25 ～ 2.00 米高的百叶箱中的干湿球温度表和湿度计等仪器测定。

湿度有三种基本形式，即水汽压、相对湿度、露点温度。水汽压（曾称为绝对湿度）表示空气中水汽部分的压力；相对湿度用空气中实际水汽压与当时气温下的饱和水汽压之比的百分数表示；露点温度是表示空气中水汽含量和气压不变的条件下冷却达到饱和时的温度。

对地温的观测

地温就是指地表面以下土壤浅层（距地表面 5、10、15、20 厘米）和深层（距地表面 40、80、160、320 厘米）的温度。测定地温的仪器通常是地温表。我国气象部门规定：测定浅层各深度的地中温度采用曲管地温表，而测定较深层的地下温度则采用直管地温表。

⚓ 对风向的观测

风是空气的水平运动，一般用风向和风速表示。测量风向和风速有专门的仪器。测定的项目有平均风速和最多风向。有的仪器还有自记功能，可对风向和风速连续记录并进行整理。

干涸的大地——干旱

水是人类生活赖以生存的东西，如果水减少了就会出现干旱，地球缺少了水，那么人类面临的将是无可奈何的灾害。

⚓ 大地干旱

干旱是指因久晴无雨或少雨，降水量较常年同期明显偏少而形成的一种气象灾害。通常指淡水总量少，不足以满足人的生存和经济发展的气候现象，一般是长期的现象，而且容易引发旱灾。

干旱问题十分复杂，从古至今都是人类面临的主要自然灾害。随着人类的经济发展和人口膨胀，水资源短缺现象日趋严重，这也直接导致了干旱地区的扩大与干旱化程度的加重。

干旱作为一种由气象因素引发的自然灾害，具有出现频率高、持续时间长、波及范围广的特点，可分为气象干旱、农业干旱、水文干旱以及经济社会干旱等。

⚓ 干旱危害大

干旱的直接危害是造成农牧业减产，人畜饮水发生困难。干旱轻者影响农

作物正常生长发育，不能适时播种，延迟作物的发芽时间和生长，重者导致作物死亡，使农作物减产或失收。严重的旱灾还影响工业生产、城乡供水、人民生活和生态环境，给国民经济造成重大损失。干旱促使生态环境进一步恶化，会造成湖泊、河流水位下降，干旱缺水造成地表水源补给不足等一系列的生态环境问题。长期干旱会使生态环境恶化，诸如沙漠化、风蚀加剧等。冬春季的干旱还易引发森林火灾和草原火灾。

低温对作物造成的伤害——低温冻害

人在气温低的时候会通过很多方式来保暖，但是大自然中的植物不会像人一样取暖，它们只能经受低温冻害的考验。

⊿ 长期的低温

冻害是农业气象灾害的一种，对农业威胁很大，即农作物遭受 0℃ 以下的低温使作物体内结冰，对作物造成的伤害。主要分为霜冻和越冬期冻害，在我国大部分地区都有可能发生。常发生的有越冬作物冻害、果树冻害和经济林木冻害等。

冻害在中、高纬度地区发生较多，比如我国北方地区受冻害影响就很大。但在长江流域和华南地区，冻害发生的次数较少，因为南方气温比较高。但如果有丘陵、山地对南下冷空气的阻滞作用，也会使冷空气堆积，导致较长时间气温偏低，并伴有降雪、冻雨天气。

⊿ 冻害的分类

冻害主要分为作物生长时期的霜冻害和作物休眠时期的寒冻害两种。霜冻的发生不仅与最低温度有关，而且与低温的持续时间、作物种类以及作物所处的发育期等都有关系。

霜冻通常是指植物体内温度下降至0℃以下，使植物体内水分发生结冰后，植物细胞所受的水分、机械、渗透胁迫作用超越了植物细胞本身的承受能力，并当气温回升后依然不能恢复而造成伤害或死亡的现象。比如果树萌发或开花后遇到特别推迟的晚霜，或者春播、夏播作物未成熟时遇到特别提前的早霜而受害。

越冬期冻害是指作物在越冬期间，因长时间处于0℃以下低温环境而丧失生理活动能力，造成植株受害或死亡的现象，常发生的有越冬作物冻害、果树冻害、经济林木冻害等。比如冬麦、葡萄、苹果等休眠时，当气温降至零下十几度或二十几度时受害。

⛵ 预防低温冻害有办法

我国在防御冻害方面逐渐总结出了许多方法，如在将要发生霜冻的晴夜里

熏烟，通过燃烧放热增温。或者在霜冻来临的前一天，在作物田间灌水，把温暖的水灌入农田里，使土壤热容量增加，同时提高低层空气的温度，缓和温度下降，从而达到防霜的目的。防御冻害可以根据当地温度条件，选用抗寒品种，还可以喷施各种防霜剂、抗霜剂，有效地防御霜冻的危害。

似雾不是雾——霾

在自然界中，有一种像雾一样的薄纱烟幕，和雾很像，但不是雾，它叫霾，也是一种气象现象。

似雾的霾

秋冬季节，随着冷暖空气交替出现，出现霾的几率会大大增高。霾的气象定义是悬浮在大气中的大量微小尘粒、烟粒或盐粒的集合体，大量烟、尘等微粒

悬浮会使空气浑浊，导致水平能见度降低到 10 千米以下的一种天气现象。霾一般呈乳白色，组成霾的粒子极小，不能用肉眼分辨。它使物体的颜色减弱，使远处光亮物体微带黄红色，而黑暗物体微带蓝色。

◢ 霾的危害

在城市空气严重污染地区，霾可以频繁地出现。由灰尘、硫酸、硝酸等粒子组成的霾，其散射波长较长的光比较多，因而霾看起来呈黄色或橙灰色。霾同样会对人们的视程产生影响，能见度在 1000 米以上但小于 10 千米，也可能会给生活带来不便。

因为霾的组成成分非常复杂，包括数百种大气化学颗粒物质，与城市空气污染有很大的关系，所以霾严重时，会对人们的生产生活与身体健康产生一定的影响。组成霾的气溶胶粒子很小，足以直接进入并黏附在人体呼吸道中，引起鼻炎、支气管炎等病症，长期处于这种环境还会诱发肺癌。

◢ 霾也有正面作用

霾在气象学上被称为气溶胶，是液态或固态微粒在空气中的悬浮体系。气溶胶粒子能够影响天气和气候，可以将太阳光反射到太空中来冷却大气，降低大气的能见度；还能通过微粒散射、漫射和吸收一部分太阳辐射，减少地面长波辐射的外露，使大气升温。

固体状的冰球——冰雹灾害

在夏季，有时天空中会掉下一些冰球，这些冰球其实是雨结成的，那么冰雹到底是怎么形成的？它对人类又有哪些危害呢？

天上掉下来的冰球

冰雹是从积雨云中降落下来的固态降水，是坚硬不易碎、内核不透明的冰粒或冰球。它主要发生在春夏之交过渡季节中对流发展旺盛的时候。冰雹的形状很多，有球状、圆锥状、椭球状或其他不规则的形状。因为冰雹常砸坏庄稼，威胁人畜安全，所以是一种严重的气象灾害。

冰雹的形成

冰雹形成条件极为苛刻，一般积雨云可能产生雷阵雨，只有发展特别强盛的积雨云才会产生冰雹，这种云通常也称为冰雹云。

冰雹的形成需要以下几个条件：大气中必须有相当厚的不稳定层存在；积雨云必须发展到能使个别大水滴冻结的高度；要有强的风切变而且云的垂直厚度不能小于 6000～8000 米；积雨云内含水量丰富，并且云内应有倾斜的、强烈而不均匀的上升气流。

知识链接

　　冰雹和雨、雪一样都是从云里掉下来的，是一种固态降水。我国劳动人民通过观察发现了冰雹的一些规律。在冰雹来临之前，云内翻腾滚动得十分厉害，有些地方将此叫作"云打架"；冰雹云来临时，天空常常显出红黄颜色，冰雹云底部是黑色或灰色，云体带杏黄色，于是有了"地潮天黄，禾苗提防"的说法。

⚓ 冰雹的危害

　　冰雹灾害是由强对流天气系统引起的一种剧烈的气象灾害，通常发生在夏、秋季节。它出现的范围虽然较小，时间也比较短促，但来势猛、强度大，并常常伴随着狂风、强降水、急剧降温等阵发性、灾害性天气过程。

　　冰雹的危害性、破坏力极大。冰雹的降落轻则砸毁叶片、农作物和果园，使地温降低，使农作物受到不同程度的损伤，严重的甚至可以造成绝收。冰雹灾害还会损坏建筑群，威胁人类安全，给农业、建筑、通信、电力、交通以及人民生命财产造成巨大损失，是一种严重的自然灾害。

　　在冰雹的前期预报和人工消雹方面，我国积累了丰富的经验。例如，消雹可以在雷达的监测下，利用高射炮、火箭发射人工成冰剂，向云中施放碘化银或碘化铅等催化剂，使云中冰晶数目增多，冰晶形成冰雹时会消耗大量的过冷云滴，结果使所有的冰雹都无法长得太大，这个方法还能使冰雹下降时融化成水滴，或者缩小成小冰雹，以达到消雹的目的。

被水淹埋的大地——洪涝

　　自古以来，洪涝灾害就是困扰人类社会发展的一项重要灾害，不管是古代的大禹治水，还是今天劳动人民和洪水的斗争，都是人类为生存对洪水作出的抗争。

知识链接

在我国，雨涝分布有自己的特点，一般来讲是东部多，西部少；沿海多，内陆少；平原湖区多，高原山地少；山脉的东坡和南坡多，西坡和北坡少。洪涝最严重的地区是东南沿海地区、湘赣地区、淮河流域，而全国洪涝最少的地区则是西北地区、内蒙和青藏高原。

漫天而来的大水

洪涝，一般是指因大雨、暴雨或持续降雨使低洼地区被淹没、渍水的现象。其实"洪"和"涝"是两种灾害，"洪"指的是大雨、暴雨引起的山洪暴发；"涝"是指水过多或过于集中或返浆水过多造成的积水成灾。通常两者结合带来的洪涝灾害，破坏性更大，会淹没农田，毁坏环境。

大水带来的灾害

洪涝灾害的发生既与自然环境有关，又与社会因素有关。洪涝一般发生在

夏季降水比较多的时候，只有当洪水自然变异强度达到一定标准，而且洪水发生在有人类活动的地方，给人类的生活构成威胁时才可能出现灾害。比如夏季多雨地区的江河或湖泊的下游地区，人口比较密集，一旦气候异常，降水量大且集中就会产生洪涝灾害。

洪涝的特点

洪涝灾害是一种具有大规模破坏性的灾害，常常有地域性、季节性的特点，而且具有很大的破坏性和普遍性。但是，洪涝灾害也具有可防御性，虽然目前人类不可能彻底根除洪水灾害，但通过各种努力，可以尽可能地缩小灾害对人类的影响。

洪涝带来的危害

在各种自然灾害中，洪涝灾害对人类造成的危害是巨大的，洪水出现频率高，波及范围广，来势凶猛，破坏性极大。洪涝灾害会淹没农田，毁坏作物，危害农作物生长，造成作物减产或绝收，破坏农业生产以及其他产业的正常发展。来势凶猛的洪水还会淹没房屋和人口，破坏房屋、建筑、水利工程设施、交通设施、电力设施等，甚至会造成不同程度的人员伤亡，每次大规模的洪涝灾害都导致上万人的死亡和千百万人的流离失所。洪涝灾害还会造成一系列次生灾害，如滑坡、泥石流、疫病的出现。洪涝灾害对人群最直接的危害是使人类被直接淹没引起死亡或因水灾冲击建筑物的倒塌致死、致伤，同时还会因灾饥荒或疾病引起灾民饿死或病死。

海温异常增暖——厄尔尼诺现象

"厄尔尼诺"一词来源于西班牙语，原意为"圣婴"。它会在某一年圣诞节前后，光临地球一次，带来一场不该出现的暖流，于是遭受天灾而又无可奈何的渔民将其称为上帝之子——圣婴。

"圣婴"是什么

厄尔尼诺又称厄尔尼诺海流，是太平洋赤道带大范围内海洋和大气相互作用后失去平衡而产生的一种气候现象，就是沃克环流圈东移造成的。由于东南信风减弱，甚至形成西风，暖性海水在太平洋东岸堆积下沉，西岸冷性海水上涌补充，所以造成西岸干旱少雨、东岸洪涝。

正常情况下，热带太平洋区域的季风洋流是从美洲走向亚洲，使太平洋表面保持温暖，给印尼周围带来热带降雨。但这种模式每 2 ~ 7 年被打乱一次，使风向和洋流发生逆转，太平洋表层的热流就转而向东走向美洲，随之便带走了热带降雨，出现所谓的"厄尔尼诺现象"。

简单来讲，"厄尔尼诺"现象就是指南美赤道附近数千千米的海水带的异常增温现象。一般海水会异常偏暖 0.5℃以上，持续时间可达 6 ~ 18 个月。

厄尔尼诺的形成

厄尔尼诺的全过程分为发生期、发展期、维持期和衰减期，历时一年左右，一般大气的变化滞后于海水温度的变化。关于厄尔尼诺现象的成因，至今还没有准确的答案。因为厄尔尼诺现象不是孤立的现象，而是热带海洋洋流与大气相互作用的产物。科学家认为，可能是太平洋底火山爆发或地壳断裂喷涌出来的熔岩的加热作用造成洋流变暖，进而导致信风转弱和逆转。还有人推断，也许是由于地球自转的年际速度不均造成的。

厄尔尼诺的危害

厄尔尼诺使大量鱼类死亡，给秘鲁造成巨额经济损失。每当这种现象发生时，大范围的海水温度可比常年高出 3℃ ~ 6℃。太平洋广大水域的水温升高，改变了传统的赤道洋流和东南信风，导致全球性的气候反常。它会使南半球气候更加干热，北半球气候更加寒冷潮湿，危害海洋生物及生态环境，同时引起气候异常及相关气象灾害。它使南部非洲、东南亚和澳大利亚遭受旱灾，同时带给秘鲁、厄瓜多尔和美国加州的则是暴雨、洪水和泥石流。

海温异常变冷——拉尼娜现象

拉尼娜现象是与厄尔尼诺现象正好相反的一种现象，是气象和海洋界使用的一个新名词。拉尼娜意为"小女孩"（圣女婴），也称为"反厄尔尼诺"或"冷事件"。

▲ "冷事件"

拉尼娜是与厄尔尼诺相反的一种现象，是指赤道的中部和东部太平洋，东西跨度上万千米，南北跨度上千千米的范围内持续异常偏冷，海洋温度比正常温度、东部和中部海面温度偏低 0.5℃，并持续半年。

拉尼娜和厄尔尼诺都是热带海洋和大气共同作用的产物。厄尔尼诺与赤道中、东太平洋海温的增暖、信风的减弱相联系；而拉尼娜却与赤道中、东太平洋海温度变冷、信风的增强相关联。

知识链接

在拉尼娜期间，由于西太平洋副热带高压位置偏北，华北汛期降水量容易偏多，尤其是长江以南局部地区暴雨频繁。北方在拉尼娜现象影响下，赤道东太平洋水温偏低，东亚经向环流异常，而东南暖湿气流相对较弱。于是，北方夏季气温偏高，冬季强寒潮大风频繁出现，而降雨量却持续偏少。

拉尼娜现象发生时，东南信风将表面温暖的海水吹向太平洋西部，致使西部比东部海平面增高，西部海水温度增高，气压下降，潮湿空气积累形成台风和热带风暴，东部底层海水上翻，致使东太平洋海水变冷。一般拉尼娜现象会随着厄尔尼诺现象而来，出现厄尔尼诺现象的第二年，都会出现拉尼娜现象。

⛵ 拉尼娜的产生

拉尼娜是热带海洋和大气共同作用的产物，与赤道偏东信风加强有关。海洋表层的运动主要受海表面风的牵制。赤道洋流受信风推动，从东太平洋流向西太平洋，使高温暖水在热带西太平洋地区堆积，成为全球水温最高的海域。相反，在赤道东太平洋表层比较暖的海水向西输送后，深层比较冷的海水就补充过来。

因此，信风的存在使得大量暖水被吹送到赤道西太平洋地区，在赤道东太平洋地区暖水被刮走后，主要靠海面以下的冷水进行补充，赤道东太平洋海温比西太平洋明显偏低。当信风加强时，赤道东太平洋深层海水上翻现象更加剧烈，导致海表温度异常偏低，使得气流在赤道太平洋东部下沉，而气流在西部的上升运动更为加剧，有利于信风加强，进一步加剧了赤道东太平洋冷水发展，造成东太平洋海表水温偏低，引发所谓的拉尼娜现象。

⛵ 拉尼娜的威力

厄尔尼诺和拉尼娜都是赤道中、东太平洋海温冷暖交替变化的异常表现，拉尼娜出现会导致赤道附近东太平洋水温反常下降，表现为东太平洋明显变冷，同时，伴随着全球性气候混乱，这种海温的冷暖变化过程构成一种循环，一般拉尼娜现象会出现在厄尔尼诺现象之后。

拉尼娜现象会导致很多异常现象，对赤道附近太平洋东西岸来说，会使东岸更干旱，西岸更湿，会引发洪涝。因为在拉尼娜期间，西太平洋海表水温相对比较高，空气对流相对比较旺盛，横贯在太平洋上的副热带高压位置偏北，紧靠着副热带高压南侧的热带辐合带的位置也偏北，台风就是在辐合带中的低压云团发展起来的，所以拉尼娜现象出现时台风会比较多。

由此也会使澳洲、印尼、马来西亚和菲律宾等东南亚地区有异常多的降雨量，并使美国西南部和南美洲西岸变得异常干燥，使非洲西岸及东南岸、日本和朝鲜半岛异常寒冷。

火山活动与全球降温——火山活动和气候

火山活动和气候似乎是毫不相干的两个领域，但是自然界的一切事物都是有联系的，看似毫不相干的两件事物，其实隐藏着重要的联系。

🔺 火山活动影响气候

火山活动与大气之间是有密切联系的，火山活动对周围生态环境影响较大。火山活动会使地球大气受到严重污染，造成连年酸雨不断，使植物大量死亡。污染环境，摧毁建筑，危害生物。火山中每秒钟至少有2300千克的水汽和大量的酸性气体逸出，释放的有毒硫化物会对周围生物造成危害。

喷到大气层的大量火山灰、硫酸烟雾会长时间遮住阳光，从而使气温降低。同时使火山灰和二氧化硫等气体呈气体溶胶状态，产生"阳伞效应"导致全球气候变化。

火山灰尘在高空形成影响大气透明度的幕布，对太阳辐射有强烈的反射和散射作用，而且会使日照减少，从而使到达地面的太阳辐射减少，大气环流产生异常，致使周围大部分地区空气发生剧烈对流，出现气温降低。异常寒冷，或旱涝频繁，或风雪交加，大批牲畜死亡，饥民流离失所。

⚓ 气候影响火山活动

气候可能对于火山活动有一定的影响，因为气候变暖可能导致火山顶部的冰层融化，冰层压力减小，同时大量融水将影响地理构造，这些都会改变火山内部压力平衡并加剧火山活动；另一方面火山爆发又会喷出大量火山灰，改变大气成分，反过来加剧气候变化。由此，气候与火山活动进入了一个恶性循环状态。

地球生命的保护伞——臭氧层空洞

晴朗天气外出时，人们会做好各种防范措施来保护自己免受较强紫外线辐射的影响。其实地球已经在它的外层为人们形成了一层保护层——臭氧层。

⚓ 无形的保镖

实际生活中，我们并没有遭受到紫外线过强的伤害，这是因为地球的大气层就像一把保护伞，将太阳辐射中的有害部分阻挡在大气层之外，而完成这一工作的就是"臭氧层"。臭氧是由太阳飞出的带电粒子进入大气层形成的，这一过程使氧分子裂变成氧原子，而部分氧原子与氧分子重新结合成臭氧分子。

距地面 15 ~ 50 千米高度的大气平流层，集中了地球上约 90% 的臭氧，形成了巨大的"臭氧层"。当紫外线穿过平流层时，绝大部分被臭氧层吸收，臭氧层就成为地球的一道天然屏障，使地球上的生命免遭强烈的紫外线伤害。

⚓ 地球"保护伞"

大气臭氧层主要有三个作用：臭氧层能够保护地球上的人类和动植物免遭短波紫外线的伤害。因为过量的紫外线会使人和动物免疫力下降，最明显的表现是皮肤癌的发病率增高，甚至使动物和人眼睛失明。而且植物和微生物会因

知识链接

冬季也要防紫外线，因为冬天的阳光虽然看起来没有夏天那么厉害，但是冬天大气离子层的浓度比较稀薄，紫外线被吸收的量少，所以紫外线相对来说仍然比较强烈，可以说这个时期皮肤更容易受到紫外线的伤害，所以冬天也不要长时间暴晒在阳光下，以免皮肤受到紫外线和可见光的损伤。

为承受不了紫外线的强烈照射而死亡。在海洋中过量紫外线直接导致浮游生物死亡，浮游生物的死亡会产生连锁反应，使海洋中的其他生物相继死亡，形成恶性循环。

大气臭氧层吸收太阳光中的紫外线并将其转换为热能加热大气，使得平流层大气的温度逐渐上升，在对流层上部和平流层底部气温很低，如果这一高度的臭氧减少，则会使地面气温下降。大气的温度结构决定了大气的循环，所以有臭氧存在才有平流层的存在，因此，臭氧的高度分布及变化是极其重要的。

⚓ 臭氧层也需要保护

臭氧层是一个很脆弱的大气层，在自然状态下，大气平流层中的臭氧分子能够吸收紫外线的能量，分解成为氧原子，并很快与大气中的氧气发生进一步的化学反应，生成新的臭氧分子，使臭氧层中的臭氧分子达到动态平衡。这个过程周而复始，从而抵挡大量的有害的紫外线到达地球。如果遇到一些破坏臭氧的气体，它们就会和臭氧发生化学作用，臭氧层就会遭到破坏。

灾难重在预防——气象灾害预警

气象灾害是人们的生活躲不过去的事情，所以人们通过观察作出了很多预测，以期能够减少灾害带来的损失。

⚓ 灾害预警信号

气象灾害预警是在灾害发生前向社会公众发布的警报信息，通过建立应急网络和灾害信息的发布，便于广大人民应对特大自然灾害的发生。为了便于人们识别，气象部门制定了突发气象灾害预警信号，由气象主管机构所属气象台及时预报发布，以有效防御和减轻突发气象灾害。

我国的突发气象灾害分为 14 类，分别为台风、暴雨、暴雪、寒潮、大风、沙尘暴、高温、干旱、雷电、冰雹、霜冻、大雾、霾、道路结冰。其中台风、暴雨、暴雪、寒潮等分别以蓝色、黄色、橙色和红色表示预警等级。

⚓ 暴雨预警信号

暴雨预警信号分四级，12 小时内降雨量将达 50 毫米以上，或者已达 50 毫米以上且降雨可能持续时要发布暴雨蓝色预警信号；6 小时内降雨量将达 50 毫

知识链接

　　干旱和冰雹分二级预警，分别以橙色、红色表示。6小时内可能出现冰雹天气，并可能造成雹灾的要发布冰雹橙色预警信号。2小时内出现冰雹可能性极大，并可能造成重雹灾的要发布冰雹红色预警信号。

　　高温、沙尘暴、雷电、大雾、结冰、森林火险分三级预警，分别以黄色、橙色、红色表示预警等级。

米以上，或者已达 50 毫米以上且降雨可能持续时发布暴雨黄色预警信号；3 小时内降雨量将达 50 毫米以上，或者已达 50 毫米以上且降雨可能持续时发布暴雨橙色预警信号；3 小时内降雨量将达 100 毫米以上，或者已达 100 毫米以上且降雨可能持续时发布最高等级的红色预警信号。

⚓ 雷电预警信号

　　雷电预警信号分三级，分别以黄色、橙色、红色表示。6 小时内可能发生雷电活动，可能造成雷电灾害事故，要发布雷电黄色预警信号。2 小时内发生雷电活动的可能性很大，或者已经受雷电活动影响且可能持续，出现雷电灾害事故的可能性比较大要发布雷电橙色预警信号。2 小时内发生雷电活动的可能性非常大，或者已经有强烈的雷电活动发生，且可能持续，出现雷电灾害事故的可能性非常大，要发布雷电红色预警信号。

⚓ 霜冻预警信号

　　霜冻预警信号分三级，分别以蓝色、黄色、橙色表示。48 小时内地面最低温度将下降到 0℃以下，对农业将产生影响，或者已经降到 0℃以下，对农业已经产生影响，并可能持续时要发布霜冻蓝色预警信号。24 小时内地面最低温度将下降到零下 3℃以下，对农业将产生严重影响，或者已经降到零下 3℃以下，对农业已经产生严重影响，并可能持续时要发布霜冻黄色预警信号。24 小时内地面最低温度将下降到零下 5℃以下，对农业将产生严重影响，或者已经降到零下 5℃以下，对农业已经产生严重影响，并将持续时要发布霜冻橙色预警信号。

🔺 霾预警信号

霾预警信号分二级，分别以黄色、橙色表示。12 小时内可能出现能见度小于 3000 米的霾，或者已经出现能见度小于 3000 米的霾且可能持续时要发布霾黄色预警信号；6 小时内可能出现能见度小于 2000 米的霾，或者已经出现能见度小于 2000 米的霾且可能持续时要发布霾橙色预警信号。

人工影响天气——播云作业

人工影响天气被称为"播云作业"，就像农民种庄稼一样，为了趋利避害，人类用自己的能力来干预自然的发展。

🔺 人工干预自然

人们为了避免或者减轻气象灾害，合理利用气候资源，在适当条件下利用科技手段等人为干预的方法，使某些局地天气现象朝有利于人们预定目的的方向转化，以避免或减轻恶劣天气引发的灾害，这种改造自然的科学技术措施称人工影响天气。

由于天气运动过程产生的能量十分巨大，因此直接制造和消灭一个天气过程是不可能的，人工影响天气只是对局部大气的物理、化学过程进行影响，在多云、降水和其他过程中的某些关键环节，施放一些催化剂，因势利导，促使天气过程按预定方向发展，以少量代价换取巨大经济效益。如今人工影响天气的措施有人工降水、人工降雹、人工消云、人工消雾、人工削弱台风、人工抑制雷电、入工防霜冻等。

人工降雨

目前人工增雨主要有两种方法：一种是用飞机把干冰等冷却剂播撒到云中，使云内温度显著下降，细小的水滴迅速增多加大，迫使它下降形成降水。另一种是利用火箭、炮弹把化学药剂打向高空，轰击云层产生强大的冲击波，使云滴与云滴发生碰撞，合并增大成雨滴降落下来。两种增雨方式成本不一样，飞机播撒的成本高达几百万元，火箭炮轰击的成本要稍微低一点。

用人工影响云的物理过程增加降水量的方法可以在一定条件下使本来不能自然降水的云受激发而降水，也可使那些水分供应较多、往往能自然降水的云提高降水效率，以解除或缓解农田干旱、增加水库灌溉水量或供水能力、增加发电水量等。

知识链接

　　当遇到大型运动会或某些航空活动时，有时希望晴朗无云，就可以进行人工消云试验，使局部区域云层消散。人工消云分为人工消冷云和人工消暖云。人工消冷云的方法是：播撒碘化银等人工冰核或播撒干冰等催化剂产生大量冰晶，再通过某些方法使冰晶变成降水，下降离开云体，使云消散。人工消暖云的方法是：向云中播散盐粉、尿素等吸湿性粒子，这些吸湿性凝核吸收水汽凝结长大，然后与原来云滴合并，降出云外，达到消云目的。

⚓ 人工影响天气有利有弊

人工影响天气对于增加降水、缓解干旱的威胁，起到了积极的作用。但是由于自然降水过程和人工催化过程中的很多基本问题仍不很清楚，人工降水的理论和技术方法还处于探索和试验研究阶段。而且人工影响天气的成本比较高，所以这并不是应对干旱天气的最佳手段，重要的还是人们对于环境的保护。

自动观测气象要素——气象观测

目前全世界有成千上万个气象站，配置了各种天气雷达，并在太空布设了多颗气象卫星，组成了全球大气监测网。每天在规定的时间里从地面到高空、从陆地到海洋，全方位、多层次地观测大气变化。

⚓ 看气象，识天气

气象观测是关于研究测量和观察地球大气的物理和化学特性以及大气现象

的方法和手段的一门学科，属于大气科学的一个分支。

气象观测包括地面气象观测、高空气象观测、大气遥感探测和气象卫星探测等，主要从大气气体成分浓度、气溶胶、温度、湿度、压力、风、大气湍流、蒸发、云、降水、辐射、大气能见度、大气电场、大气电导率以及雷电、虹、晕等方面来研究和分析大气状态及其变化。

气象观测与生活

　　气象观测在生活中有重要作用，除了提供天气预报外，也能为农业、林业、工业、交通、军事、水文、医疗卫生和环境保护等提供重要的数据，并为减轻或避免自然灾害造成的损失提供条件。

　　除了用科技的手段外，在长期的生活实践中，我国劳动人民总结了很多气象观测的方法。比如看天象，偏西方出现的云，若由远而近，由少变多，由高而低，由薄变厚，那就预示着天气将由晴朗转阴雨。早晨若天空出现棉絮状云，天气很可能变坏，发展成雷雨天或大风大雨天。民间有"早霞不出门，晚霞行千里""雷轰天边，大雨连天；雷轰天顶，有雨不狠"等谚语。

　　我国劳动人民还善于观察生活，得出了动物和气象的关系，比如晴天的下午，蜘蛛若大量地结网，在今后的一两天内将有雨。网结结实，风雨较大；反之，则较小，雨后结网意味天要转晴。还有夏季傍晚，鱼塘中若有鱼儿乱蹦出水面的"跳水"现象，预示将有雷阵雨到来等。

预知未来的气象家——天气预报

　　人类利用自己的智慧，通过观察、预测逐渐掌握了一些天气变化的规律，以此对未来的天气作出某些预报，于是天气预报诞生。

预知未来天气

　　天气预报就是应用大气变化的规律，根据当前及近期的天气形势，对未来一定时期内的天气状况进行预测。它是气象部门根据对卫星云图和天气图的分析，结合有关气象资料、地形和季节特点、群众经验等进行研究后得出的。总而

言之，天气预报就是负责气象信息的及时发布，以及灾害预警、气象云图、旅游天气、台风、暴雨雪等气象信息的发布，为我们的生产生活提供气象服务。

天气预报的形式

天气预报根据时间的长短，有不同的预报范围，有根据雷达、卫星探测对局地强风暴系统预报未来 1 ~ 6 小时的动向的短时预报，还有预报未来 24 ~ 48 小时天气情况的短期预报；以及对未来 3 ~ 15 天的中期预报和 1 个月到 1 年的长期预报。中期预报的准确率比短时和短期预报要低得多，而且侧重的范围也不一样，主要包括受天气过程影响，是否会出现灾害性天气，以及主要的天气变化趋势。

天气预报好处多

天气预报与我们平时的生产、生活有着巨大的关系，气象部门要充分发挥气象卫星、天气雷达、遥感监测、自动气象站、闪电定位系统等现代化设施的作用，做好天气预报，人们根据预报可以做好生产生活的趋利避害。比如雨天和暴雪天的交通出行，及时规避农业生产中的旱涝灾害等。

知识链接

在长期的生活实践中，劳动人民总结出了许多预报天气的谚语，比如"西北起黑云，雷雨必来临""雨前有风雨不久，雨后无风雨不停""小暑一声雷，倒转做黄梅""天上鲤鱼斑，明日晒谷不用翻""一场秋雨一场寒，十场秋雨穿上棉""半夜东风起，明日好天气"等，都是人们长期以来的经验总结。